AF329059

MÉTHODE GÉNÉRALE

DE

COMPTABILITÉ

ET DE

CORRESPONDANCE

COMMERCIALES

OU LA

TENUE DES LIVRES

EN PARTIES DOUBLES

RAISONNÉE MATHÉMATIQUEMENT

PAR

H. COULON

ANCIEN CHEF DE COMPTABILITÉ DANS UNE MAISON DE COMMERCE DE PREMIER ORDRE EN FRANCE

PARIS

CHEZ L'AUTEUR, 22, RUE DE VENDOME

ET CHEZ LES PRINCIPAUX LIBRAIRES ET PAPETIERS DE L'EMPIRE

—

1857

*Tout exemplaire du présent Ouvrage qui ne serait pas, comme
ci-dessous, signé par l'auteur, et qui ne porterait pas un N° d'ordre
identique à celui de sa mise en vente, sera réputé contrefait. Les
mesures nécessaires sont et seront prises pour atteindre, conformément
à la loi, les fabricants et les débitants de ces Exemplaires.*

N° 2. —

Paris. — Typographie de Mme Smith, rue Fontaine-au-Roi, 18.

AVERTISSEMENT

La Comptabilité ou *Tenue des livres,* indispensable à l'industriel, au négociant ou au chef d'entreprises quelconques, est la première, la plus élémentaire,et,par suite la plus importante condition d'ordre et d'exactitude qui doive être remplie pour assurer et garantir la marche rationnelle de toute opération commerciale.

Il est donc nécessaire de traiter avec soin les diverses parties que comporte l'enseignement ou l'application d'une règle d'ordre dont l'utilité a été prévue par une législation éclairée, puisque le Code qui régit le commerce en France prescrit et ordonne indistinctement à tout commerçant d'avoir une comptabilité ou des livres régulièrement tenus dans sa maison.

La clarté des méthodes d'enseignement convient à la faiblesse des commençants ou à l'inexpérience des personnes qui ne se sont pas encore vouées au commerce, car les formes variées sous lesquelles les opérations sont susceptibles d'être traitées, y étant alors présentées avec plus de netteté et de développement, on peut s'exercer avec facilité et arriver promptement à comprendre le mécanisme du système adopté pour combiner les comptes.

Ce sont ces motifs qui m'ont déterminé à publier ce présent ouvrage sur un format aussi étendu, pour que les opérations que j'ai prises pour exemples pussent y figurer dans des modèles de registres se rapprochant le plus possible des tracés usuellement établis pour créer et organiser une comptabilité dans toutes les formes voulues.

Sachant par expérience que c'est à vue de registres bien tenus que l'on parvient le plus aisément et le plus promptement à comprendre la manière de les tenir, j'ai cru devoir présenter autographiquement les modèles des registres les plus usités dans le commerce en général, afin de donner à la seconde partie de ce traité, qui se compose exclusivement de ces modèles, l'aspect d'une véritable *Tenue de livres* pouvant être imitée pour écrire couramment et servir de guide à mes lecteurs, pour organiser convenablement une comptabilité.

Quant aux principes et aux instructions générales qu'il est essentiel de développer dans toute méthode d'enseignement sur la manière de créer et de pratiquer la *Tenue des livres en parties doubles,* je les ai exposés dans la première partie de mon ouvrage en les raisonnant mathématiquement, et je suis parvenu à démontrer :

1° Que la *Tenue des livres* ne doit pas être considérée comme une science, mais seulement comme une *règle d'ordre basée sur des principes ou axiomes reconnus et pratiqués en mathématiques ;*

2° Que tout système de comptabilité, basé sur cinq comptes généraux, est assujetti à des exceptions et à des complications qui le rendent incompréhensible pour la plupart des commerçants qui cherchent à l'étudier, attendu qu'il ne peut être pratiqué dans toutes ses formes ou combinaisons que par des maisons dont les finances, le matériel et l'administration harmonisent avec les noms donnés à ces cinq comptes;

3° Qu'il est absurde et irrationnel de donner, dans une méthode d'enseignement, un *journal-grand-livre* comme modèle de registre, pouvant être adopté et utilisé par tout commerçant, puisque certains comptes, et celui de Marchandises générales surtout, sont de nature à être subdivisés pour des causes particulières et dans des proportions que nul auteur ne peut préciser.

Ayant ainsi constaté et prouvé par ces démonstrations que la *Tenue des livres en parties doubles* ne peut être enseignée avec succès au moyen d'un traité sur cette matière, si l'auteur y a exposé des principes arbitraires ou des procédés traditionnels tels que ceux qui consistent à baser une comptabilité sur cinq comptes généraux, j'ai dû suivre une marche toute différente pour atteindre le but que je me propose.

Comme, à cet effet, j'ai reconnu que les principes d'enseignement doivent être dégagés de tout esprit de routine ou de tradition dans la rédaction d'un ouvrage de ce genre, on remarquera que ma *Méthode générale de Comptabilité et de Correspondance* réunit ces conditions essentielles. En la dédiant au Commerce et à l'Industrie par la publication que je lui donne, je suis certain qu'elle ne tardera pas à être adoptée par un grand nombre de commerçants, et qu'ainsi, elle obtiendra un succès qui répondra à toutes mes espérances.

TABLE DES MATIÈRES.

—⟨⟩—

PREMIÈRE PARTIE.

DEUXIÈME PARTIE.

INTRODUCTION

Définitions des mots et des termes les plus usités en écritures commerciales et dont il est essentiel de comprendre la signification pour apprendre promptement à tenir les livres en PARTIES DOUBLES.

Acceptation. — Promesse écrite sur le corps d'une lettre de change ou d'un mandat, d'en payer le montant à l'échéance fixée. — Les valeurs de cette nature se présentent ordinairement à l'acceptation par celui qui les possède quand il doute du crédit ou de la moralité de la personne qui les lui a cédées, afin d'en opérer la négociation avec plus de sécurité.

Accepteur. — Celui sur qui un mandat ou une lettre de change est tirée, lorsqu'il déclare s'engager à en payer le montant en écrivant et signant son acceptation.

Accuser. — Mot généralement employé pour dire qu'on a reçu une lettre, des marchandises ou autres valeurs, etc.

A-Compte. — Paiement partiel à valoir sur la totalité d'une somme due; — fourniture incomplète de valeurs ou de marchandises.

Acquit. — Quittance ou reçu que l'on donne pour une somme payée. On écrit seulement *pour acquit* sur un effet ou au bas d'un mémoire ou facture pour certifier qu'on en a reçu le montant : la signature qui se place sous ces deux mots en est la preuve.

Actif. — Avoir total d'une maison de commerce; première partie d'un inventaire, comprenant l'énumération de toutes les valeurs que l'on possède, ou l'état estimatif du matériel, meubles, immeubles, etc., dont on est propriétaire. — Généralement, un commerçant ne peut être déclaré en position sortable en affaires si son *actif* ne surpasse ce qu'il doit, ou son *passif*.

Agio. — Bénéfice de l'agioteur, ou provision qu'il réclame sur les ventes et achats dont on l'a chargé.

Annuler. — Anéantir, rendre sans effet. — Annuler une somme portée à tort dans un compte, c'est balancer cette même somme en la faisant figurer sur le côté opposé. (Voyez aussi *contre-passer*).

Appoint. — Complément d'un paiement composé de différentes valeurs. — La plus petite partie est l'appoint.

A présentation ou a vue. — Echéance d'un effet payable au moment où il est présenté à celui qui doit le solder.

Article. — Marchandises, objets composant la vente d'un commerçant.

Article de comptabilité. — Indication et détail pour une ou plusieurs sommes à enregistrer dans les comptes qui les concernent.

Article au Journal. — Description d'une ou de plusieurs opérations sous une seule date, avec indication des comptes qui fournissent et de ceux qui reçoivent, ainsi que des sommes respectives qui doivent simultanément figurer dans l'un et dans l'autre de ces comptes.

INTRODUCTION

Aval. — Obligation écrite sur un effet, par un tiers, de le payer à son échéance, à défaut du tiré, comme garantie pour celui au profit de qui l'effet est souscrit ou formé. L'*aval* s'écrit simplement comme ceci : *Bon pour aval*, et la signature se place sous ces trois mots.

Aviser. — Prévenir, donner avis.

Avoir. — Deuxième partie d'un compte dans laquelle on doit inscrire tout ce qui est dû à la personne ou à la chose dont ce compte porte le nom. Sur un grand-livre ou tout autre registre de comptes, l'*avoir* occupe toujours la page à droite. *Avoir*, employé dans un autre sens, signifie tout ce qu'on possède. (Voyez *Actif*.)

Balance. — Liste des noms de tous les comptes du grand-livre dont le total du débit n'est pas égal à celui du crédit ou avoir. — Deux colonnes sont disposées sur cette liste, l'une pour y indiquer le produit de l'addition faite au débit de chaque compte, et l'autre, celui d'une deuxième addition des sommes figurant à l'*avoir*. — Cette opération doit se faire à la fin de chaque mois pour s'assurer si les écritures ont été reportées exactement, à vue du *journal*, dans les comptes qui les concernent au *grand-livre*, et le cas affirmatif a lieu si la balance se maintient en équilibre au moyen de deux totaux égaux. — *Faire une balance*, signifie vérifier les écritures. — On dit qu'un compte se balance quand le *doit* est égal à l'*avoir*.

Balancer un compte. — Equilibrer le *doit* avec l'*avoir*, en prenant l'excédant ou la différence qui existe entre les deux sommes totales pour l'ajouter à la plus faible.

Besoin (Au). — Indication de l'adresse d'une deuxième maison sur un effet de commerce, afin de s'y présenter pour en recevoir le montant, dans le cas où le tiré ne le solderait pas à son échéance. C'est le tireur ou l'un des endosseurs d'un effet qui stipule le *besoin* chez l'un de ses correspondants quand il n'est pas certain qu'il sera payé par le tiré.

Billet simple ou Promesse. — Engagement par écrit de payer une somme à une époque déterminée ou à première réquisition du possesseur ou créancier.

Billet a ordre. — Effet de commerce qui se négocie par le porteur en l'endossant à l'ordre de celui à qui il le cède. — Le souscripteur du billet à ordre est en même temps le *tireur* et le *tiré* d'un effet de cette nature. Il est *tireur* parce qu'il forme lui-même cet effet, et il est *tiré* parce que c'est lui qui doit le payer.

Bonification. — Rabais ou diminution convenue sur les prix d'une marchandise ou sur le montant d'une note. — Ce mot signifie aussi augmentation de valeurs au profit d'un compte.

Bordereau. — Note des différentes espèces ou monnaies qui existent en caisse lorsqu'on la vérifie. Relevé avec indication des numéros, des sommes, des échéances et des lieux de paiement, qui doit toujours accompagner les effets ou autres valeurs que l'on donne en paiement à quelqu'un ou que l'on négocie à un banquier.

Brut-e. — Poids des marchandises avec leur emballage ou enveloppes; — *valeur brute*, somme sur laquelle il y a quelque chose à déduire.

Caisse. — Lieu où une maison de commerce fait ses paiements; — coffre-fort dans lequel on dépose les valeurs en espèces sonnantes ou en billets de banque.

Capital. — Somme produisant intérêt; — montant primitif d'un effet retourné avec frais; — fonds disponible; — mise d'un associé.

Cédant. — Celui qui a créé un effet à l'ordre du porteur dudit effet ou qui le lui a endossé.

Cessionnaire. — Celui à qui on a cédé ou négocié un effet en le passant à son ordre.

Change. — Frais de négociation des effets que les maisons de banque ne prennent pas au pair. (Voyez aussi *perte de place*.) Différence de valeur entre des monnaies de certains pays.

Commande. — Ordre donné par un client de vendre, acheter pour son compte ou de lui fournir des marchandises que l'on fabrique ou que l'on vend soi-même.

INTRODUCTION

Client. — Celui qui fait des commandes à une maison de commerce ou qui a recours aux services d'une personne exerçant un état. — Dans le commerce en détail, le client se désigne généralement par *chaland* ou *pratique*.

Commettant. — Celui qui fait des commandes, qui donne des ordres.

Commission (Voyez *Commande*). — *Faire la commission*, c'est vendre et acheter pour le compte d'autrui. — Ce mot signifie aussi salaire ou rétribution. Dans la banque on réclame ordinairement une commission de 1/5, 1/4 ou 1/2 p. °/₀ à un client sur les valeurs reçues et payées pour son compte, et les commissionnaires ou courtiers la fixent à un taux de   p. °/₀ pour leur salaire et frais concernant les ventes et achats qu'ils font.

Compte. — Etat d'une dépense, d'un bénéfice, de valeurs pécuniaires ou matérielles, etc. — Relevé sur lequel on indique séparément ce qu'une personne doit et ce qui lui est dû. A cet effet, on le divise en deux parties distinctes : à l'une on donne un titre désigné par le mot *doit*, et à l'autre par *avoir*. Sur un registre destiné à y transcrire des comptes, la page gauche du livre ouvert doit être affectée au *débit*, et la page droite au *crédit*. — En écritures commerciales, on parle d'un compte comme d'une personne quel que soit le nom qu'il porte ; s'il doit, on le désigne comme *débiteur*, et si on lui doit, comme *créancier*.

Compte courant et d'intérêts. — Relevé des sommes qui sont inscrites dans un compte ouvert au *grand-livre*, avec indication du nombre de jours pendant lesquels chacune doit rapporter intérêts, et des produits partiels et totaux obtenus pour les intérêts revenant au débit et à l'avoir du compte primitif.

Compte de retour. — Etat comprenant le montant d'un effet impayé augmenté des frais de protêt, de ports de lettres, etc., que l'on établit pour être remis au cédant dudit effet en le débitant du tout, ou pour lui en réclamer le remboursement.

Compte général. — Seul et unique compte devant représenter une maison de commerce sur ses livres. On le crédite de l'actif de l'inventaire et on le débite du passif. — A la fin d'une campagne, il reçoit tout ce que doivent les comptes particuliers, et il solde tout ce qui leur revient. — D'après le système de comptabilité enseigné dans cet ouvrage, le compte général en est l'unique base ; il tient la place du *capital* et fait en même temps les fonctions des comptes de *profits et pertes, balance d'entrée, balance de sortie et de liquidation* établis arbitrairement, et souvent sans raison d'être, par la plupart des auteurs qui, jusqu'à ce jour, ont publié des traités sur la *Tenue des livres*. (On verra, pages 15 à 22, les véritables simplifications qu'un seul compte général offre dans une comptabilité.)

Compte particulier. — Celui qui porte le nom d'une personne, d'une société, d'une dépense ou de toute valeur quelconque. Dans la présente méthode, nous n'avons que des *comptes particuliers* et un seul *compte général*.

Connaissement. — Contrat ou facture sur papier timbré pour le transport des marchandises par mer, signé par l'expéditeur et par le capitaine du navire ; sorte de lettre de voiture.

Contre-passer. — Balancer une somme portée à tort dans un compte. (Voyez *Annuler*).

Correspondance. — Envois et réceptions de lettres. — Le copie de lettre et les lettres reçues mises en liasses, la représentent.

Correspondant. — Celui avec qui on a des relations par correspondance. — Personne chargée de la correspondance d'une maison.

Courtage. — Commission ou frais réclamés par le commissionnaire, le courtier ou le banquier qui a fait des ventes et achats ou négocié des valeurs pour le compte d'une autre personne.

Couvrir. — Solder une dette.

Créance. — Somme confiée à celui qui la doit.

Créancier. — Celui à qui on doit ; — celui qui possède une créance ; — *compte créancier*, celui dont l'avoir surpasse le débit.

Crédit. — Synonyme de Avoir en parlant d'un compte. Porter une somme au crédit d'un compte, c'est la faire figurer à l'avoir. — Pris dans un autre sens, ce mot signifie confiance; — *avoir du crédit,* c'est jouir d'une réputation de solvabilité et obtenir des marchandises ou autres valeurs avec sa signature ou sa promesse verbale pour seule garantie.

Créditer un compte. — C'est écrire au *journal* qu'un ou plusieurs autres comptes lui doivent, et reporter à l'avoir de ce compte ouvert au *grand-livre* la somme indiquée.

Créditeur. — Ne se dit que des comptes; — synonyme de compte créancier.

Débit ou Doit. — Première partie d'un compte, occupant toujours une page à gauche sur le *grand-livre.*

Débiter un compte. — C'est écrire au journal qu'il doit à un ou plusieurs autres comptes, et reporter au *doit* dudit compte au *grand-livre* la somme indiquée.

Débiteur. — Celui qui doit; — *compte débiteur,* celui dont le *débit* excède le *crédit.*

Debout (Passe-). — Permission de passer des marchandises à travers une ville, sans payer de droit; — frais réclamés au destinataire par le voiturier ou le commissionnaire de roulage pour avoir obtenu cette permission.

† **Dettes actives.** — Avoir du commerçant; ses finances, son matériel, ses créances, etc. (Voyez *Actif.*)

Dettes passives. — Sommes dues par le commerçant. (Voyez aussi *Passif.*)

Echéance. — Epoque, date du jour où une somme doit être payée.

Effets. — Valeurs en papier, telles que billets à ordre, traites ou mandats, lettres de change.

Effets a payer. — Billets souscrits par celui qui doit les payer; — traites ou lettres de change fournies avec avis verbal, ou par correspondance, ou sans avis à celui sur qui elles sont tirées.

Effets a recevoir. — (Voyez *Traites et Remises.*)

Endossement. — Ce que l'on écrit au dos d'un effet pour indiquer qu'on le cède à quelqu'un. (On en trouvera des modèles pages 96 et 97).

Endosser un effet. — Le passer à l'ordre de quelqu'un pour le lui céder ; écrire un endossement. — Tout commerçant français qui reçoit un effet créé à l'Etranger doit avoir soin de le faire viser pour timbre avant de l'endosser, sans quoi il s'expose à une amende taxée proportionnellement au montant de l'effet.

Escompte. — Retenue faite, à titre d'intérêts lui revenant, par celui qui paie, avant l'échéance, une somme qu'il doit.

Escompter une valeur. — En payer le montant en espèces avant l'époque fixée, sous déduction de l'escompte calculé à un taux convenu de tant pour cent par mois ou par an.

Epoque. — Date à partir de laquelle les jours doivent être comptés pour calculer les intérêts des sommes qui figurent dans un compte courant jusqu'à leurs échéances respectives.

Facture. — Note détaillée indiquant la quantité, le prix et le montant d'une fourniture de marchandises ou autres valeurs faite à quelqu'un.

Folio. — Synonyme de page dans certains registres. — Dans un *grand-livre* ou autre registre de comptabilité, tout compte qui occupe deux pages, l'une pour le *doit,* l'autre pour l'*avoir,* porte un seul et même numéro de folio.

Folioter. — Mettre les numéros des folios sur un registre.

Fournir. — (Voyez *Tirer*).

Frais généraux. — Dépenses, contributions, loyer, frais d'administration d'une maison de commerce.

Honneur (Faire). — Payer une somme quand on la doit. — On fait honneur à la signature de celui qui a créé un effet, quand on en paie le montant à l'échéance fixée.

Lettre de change. — Effet de commerce par lequel on prie l'un de ses correspondants de payer une

INTRODUCTION

somme au porteur ou à son ordre. — On la désigne comme *première* quand le tireur n'a encore donné qu'un seul avis au tiré pour en payer le montant, et comme *deuxième ou troisième de change*, etc., si la première n'a pas été payée et que l'on donne de nouveau avis au tiré qu'une deuxième ou troisième traite ou lettre de change est fournie sur lui. — Le lieu de création ne doit jamais être le même que celui du paiement, car s'il en était autrement le tireur pourrait lui-même toucher le montant d'un pareil effet sans avoir recours à une maison de banque pour en faire le recouvrement, et sans avoir aucun change ou perte de place à supporter. — Puisqu'en pareil cas le change n'a aucune raison d'être, on doit désigner par *traite* ou *mandat* tout effet devant être payé par une personne habitant la même localité que celle qui l'a créé.

Lettre de voiture. — Écrit sur papier timbré de 35 cent., stipulant le délai de route et le prix des 100 kilog. auxquels un commissionnaire de roulage ou un voiturier s'engage à transporter des marchandises à la destination indiquée par l'expéditeur. (Voyez le modèle page 106.)

Lettre de crédit. — Missive par laquelle on prie l'un de ses correspondants de remettre au porteur toute somme qu'il demandera jusqu'à concurrence de celle fixée pour limite.

Mandat ou Traite. — Effet que le commerçant forme lui-même à son ordre ou à celui d'une autre personne, pour être payé par l'un de ses clients ou correspondants à une échéance fixe ou à vue. — On peut le présenter à *l'acceptation* quand le tireur ne stipule pas une *non-acceptation*. — Le mandat ne diffère de la *lettre de change* qu'en ce qu'il peut être payable dans la même localité que celle où il aurait été créé.

Net (Montant). — Somme de laquelle il n'y a plus rien à déduire.

Ordre. — Souscrire un effet à quelqu'un ou le lui endosser, c'est le passer à son *ordre*. — Faire une commande c'est remettre un *ordre*. — Prier quelqu'un de vendre ou acheter pour le compte de soi-même ou pour celui d'une autre personne, c'est donner un *ordre*. Le commerçant forme presque toujours à l'ordre de lui-même les mandats qu'il tire sur ses clients pour se couvrir des fournitures qu'il leur a faites, parce qu'ordinairement il ignore à qui il les négociera.

Pair (Au). — Se dit des valeurs pour lesquelles la banque ne demande aucuns frais de recouvrement, c'est-à-dire exemptes de change ou perte de place. — Les effets sur Paris, Lyon, Marseille, Bordeaux, Rouen, Lille et autres grandes villes où la Banque de France a des succursales, se négocient ordinairement *au pair*.

Passer écritures. — Terme que l'on emploie pour dire qu'une ou plusieurs opérations doivent être enregistrées au journal. Ecrire qu'une somme doit figurer dans tel et tel compte, c'est en *passer écritures*.

+ Passif. — Deuxième partie d'un inventaire, laquelle comprend le détail de toutes les dettes d'une maison pour en faire l'addition et en comparer le total avec son *actif*, afin de connaître le montant net de son *avoir* ou de ses *dettes*.

Perte de place. — Synonyme du *change*. — diminution que le banquier fait sur un effet qui n'est pas *au pair*. — La perte de place est toujours cotée à un taux qui varie selon l'importance des villes où les effets sont payables ou suivant les relations qu'une maison de banque peut y avoir.

Pointer les livres. — Vérifier les écritures et marquer d'un point, au *grand-livre*, les sommes qui y sont reportées conformément aux indications du *journal*.

Portefeuille. — Carton divisé en douze parties, cases ou poches, pour y placer, avant de les négocier et par ordre de date des échéances pour chaque mois, les effets que l'on reçoit et les mandats ou traites que l'on forme à l'ordre de soi-même.

Porteur. — Celui à qui on a cédé un effet ou celui qui le présente ou le fait présenter chez le tiré pour en toucher le montant à son échéance.

Preneur. — (Voyez *Cessionnaire*.)

Prescription. — Délai expiré en vertu duquel une créance n'a plus de valeur.

Protêt.—Acte rédigé par un huissier à la réquisition du porteur d'un effet, pour en constater légalement le non-paiement. Il est fait sur timbre de 35 cent., en double expédition, l'une pour être laissée au tiré, et l'autre pour être remise au porteur qui l'envoie à son cédant, accompagnée de l'effet non payé, afin que celui-ci crédite son compte du tout ou lui en fasse le remboursement en espèces ou autres valeurs.

Provision. — Valeur fournie au tiré d'un effet, à condition d'en effectuer le paiement à son échéance. — Prime ou salaire supplémentaire qu'une maison accorde à ses agents ou employés à titre d'encouragement.

Rabais. — Diminution sur le montant d'une note. Tout rabais non motivé sur une facture établie aux prix et bonifications convenues n'est pas légal et ne doit pas être accepté par un fournisseur, ni réclamé par son client s'il est homme loyal en affaires. — Aucune considération ne doit engager un commerçant à admettre et à tolérer chez lui un pareil abus, car, pour l'ordre, la bonne marche de ses affaires et la simplification de ses écritures, sa maison doit être considérée comme une administration privée dont la comptabilité exige les mêmes soins, la même exactitude que celle de toute administration patronée par le Gouvernement, c'est-à-dire qu'il faut payer et exiger réciproquement jusqu'à un centime ce que l'on doit et ce que l'on a à recevoir.

Raison sociale. — Nom d'une société commerciale.

Rapporter. — Inscrire dans les comptes ouverts au *grand-livre* les écritures et les sommes qui les concernent conformément aux indications des articles enregistrés au *journal*. — Faire le dépouillement des sommes qui figurent au *journal*, pour les classer avec ordre dans les comptes.

Récépissé. — Reçu ou quittance. — Ecrit par lequel on reconnaît avoir reçu une somme ou valeur quelconque.

Règlement. — Régularisation de toutes les parties d'un compte. — Note détaillée des valeurs qui composent un paiement que l'on fait ou que l'on reçoit.

Reliquat. — Somme qui reste au débit ou à l'avoir d'un compte après en avoir opéré le règlement.

Remboursement. — Marchandises expédiées pour être payées en les livrant. — Retour d'un effet impayé dont on rembourse le montant avec les frais, soit au cessionnaire, soit à un autre endosseur.

Remise. — Effet que l'on remet ou que l'on reçoit. — Ce mot s'applique aux valeurs que l'on retire du portefeuille pour en toucher le montant ou pour les négocier, et on dit : encaisser une *remise*, faire une *remise* ou des *remises*. — Employé dans un autre sens, ce mot signifie aussi *bonification* ou *provision*, et alors on dit : sur telle marchandise, il est accordé tant pour cent de remise, ou sur les ventes faites par tel ou tel agent ou employé, il lui est accordé une remise de.....

Répertoire. — Liste ou registre où l'on inscrit par ordre alphabétique les noms ou les matières qui forment un titre dans le livre auquel un répertoire est destiné.

Retraite. — Mandat que le porteur d'un effet impayé forme sur celui qui le lui a cédé pour se rembourser du montant dudit effet augmenté des frais occasionnés par ce non-paiement.

Retour. — Effet non payé à son échéance au porteur, et renvoyé par celui-ci à son cédant pour lui en réclamer le remboursement ou pour lui donner avis qu'il est débité du capital et des frais, valeur à l'échéance stipulée sur l'effet impayé. — Envoi de marchandises non acceptées et retournées à l'expéditeur par le destinataire.

Sans frais. — Stipulés sur un effet par le tireur, ces mots indiquent que ledit effet ne devra pas être protesté si le tiré ne le soldait pas à son échéance, et qu'alors le porteur aura simplement à le retourner à son cédant, pour qu'il soit ainsi renvoyé au tireur par l'intermédiaire de chaque endosseur, sans autres frais ajoutés au capital que ceux déboursés pour ports de lettres ou commission. Tout endosseur qui néglige de répéter, à côté de sa signature, la stipulation du *sans frais* faite sur un effet par le tireur, ordonne par ce fait à son cessionnaire et autres endosseurs qui le suivront de

INTRODUCTION

supprimer cette stipulation, et se rend passible des frais de protêt qui, alors, seront faits en cas de non-paiement.

Un effet ne doit être stipulé *sans frais* que dans le cas où le tireur d'un mandat ne serait pas très certain d'être d'accord avec le tiré, ou qu'il ne serait pas assuré que celui-ci sera en mesure de faire honneur à sa signature lors de l'échéance de sa traite.

Solde. — Différence ou somme au moyen de laquelle on balance un compte. (Voyez aussi *Reliquat.*)

Solder un compte. — Payer le *reliquat* ou le passer selon le cas, par le Débit ou le Crédit du *compte général*, comme perte ou profit.

Solder un compte par lui-même. — Équilibrer le *doit* avec l'*avoir*, faire la clôture du compte et rapporter, selon le cas, le solde au *débit* ou au *crédit* du même compte renouvelé.

Souscripteur. — Celui qui signe un billet, une obligation ou une promesse.

Sur. — Ce mot signifie payable à.....; il s'applique aux valeurs négociables; et au lieu de dire : je vous remets un effet payable à Lyon, on écrit simplement : je vous remets fr... *sur* Lyon.

Taux. — Fixation à tant pour cent de l'intérêt que doit rapporter une somme placée. Le taux légal est de 5 0/0. — Se dit aussi du chiffre fixé à tant pour cent, pour la bonification ou remise que l'on accorde sur les prix auxquels on facture certaines marchandises.

Tiré. — Celui qui doit payer un effet.

Tireur. — Celui qui forme un effet et le signe, soit comme souscripteur pour le payer lui-même, soit pour se porter garant d'une somme dont il ordonne le paiement chez l'un de ses correspondants. Avant de signer, et au-dessus de sa signature, le tireur doit toujours écrire en toutes lettres : *Bon pour la somme de.......* (le montant de l'effet).

Tirer. — Fournir ou créer un mandat, une lettre de change; — souscrire un billet. Dans ce dernier cas, le *tireur* est en même temps le *tiré*, parce qu'il fournit une valeur qu'il paiera lui-même.

Traite. — (Voyez *Mandat.*)

Traites et Remises. — Compte représentant sur un *grand-livre* les effets que l'on reçoit et les traites que l'on forme avant de savoir à qui on les négociera, c'est-à-dire les valeurs qui entrent, qui sortent et qui restent en *portefeuille.*

Usance. — Terme de trente jours accordé pour le paiement d'une lettre de change.

Valeur en compte. — Somme reçue ou payée à faire figurer au compte de celui qui l'a reçue ou payée.

Valeur au comptant. — Somme formant le montant d'une note ou facture qui doit être payée au fournisseur aussitôt la livraison faite.

COMPTABILITÉ COMMERCIALE

NOTIONS PRÉLIMINAIRES

La Comptabilité commerciale est l'art d'inscrire, sur différents livres ou registres, toutes les opérations que fait un négociant en exerçant son commerce.

Ces opérations ou spéculations consistent à échanger des valeurs contre d'autres valeurs dans le but de réaliser un bénéfice dont il est indispensable de se rendre compte.

Pour connaître les bénéfices nets du commerçant sur ses affaires d'une campagne, c'est-à-dire sur celles qu'il se trouve dans le cas de faire dans un temps déterminé, soit pendant un an, deux ans, etc., il faut qu'avant d'y enregistrer toute opération de négoce, sa situation commerciale soit établie sur ses livres.

On entend par situation commerciale l'état estimatif du matériel au moyen duquel on exerce un commerce, et le compte-rendu de ce qu'une maison doit à ses créanciers et de ce qui lui revient chez ses débiteurs.

Il y a deux manières d'établir la position et de faire ressortir les bénéfices ou les pertes résultant des négociations opérées par une maison de commerce : la première est une méthode de comptabilité *imparfaite* ou *incomplète* qu'on désigne sous le nom de *Tenue de livres* en *parties simples;* et la seconde, *parfaite* et *complète,* se distingue sous celui de *Tenue de livres* en *parties doubles.*

De la Tenue des livres en parties simples.

Cette manière de tenir les Livres est la plus ancienne, et elle se pratique sans raisonnement ou sans principe ; — elle n'a d'autre raison d'être que la nécessité dans laquelle se trouve un commerçant de prendre note de ses ventes et de ses achats faits à termes, lorsque sa mémoire lui fait défaut pour s'en rappeler. Elle se dit en *Parties simples,* parce qu'elle consiste seulement à inscrire dans un seul compte ce qu'une personne doit et ce qui lui est dû ; — elle ne demande ni étude ni enseignement. Aussi chacun la pratique à sa manière ; et, que ce soit avec plus ou moins d'exactitude, on n'y reconnaît aucune différence, puisqu'elle repose sur un système défectueux.

De la Tenue des livres en parties doubles.

On appelle ainsi cette deuxième méthode de comptabilité, parce qu'elle a pour fonctions de faire figurer une même somme dans deux comptes différents, sous deux significations contraires. Dans l'un, sous celle du mot *doit;* et dans l'autre, sous celle de *avoir.*

Établie sur un système d'égalité, elle se pratique par un mécanisme qui a pour effet de constater toute erreur ou omission dans les comptes et d'y maintenir ainsi l'ordre et l'exactitude.

Ce mécanisme étant identique à celui d'une balance évidemment juste, si son fléau se maintient en équilibre, on est de même assuré de l'exactitude des écritures qui figurent dans les comptes d'un Grand-Livre tenu en *parties doubles,* quand le total des sommes inscrites au débit de tous ces comptes est égal à celui du crédit.

La Comptabilité en *parties doubles* ne peut et ne doit point être considérée comme une science, mais seulement comme *une règle d'ordre basée sur des principes établis par la science.*

En effet, si on se représente mathématiquement une opération commerciale quelconque, on y trouve l'égalité de deux quantités ou les deux membres d'une équation : soit, par exemple, le cas où une personne fournit des valeurs pour 300 fr. à une autre personne qui les reçoit et les accepte pour cette même somme payable à une époque fixée, il y a égalité entre une créance et une dette, puisque la quantité fournie produisant la créance est la même que celle reçue formant la dette.

Ainsi, dès l'époque où le système d'égalité entre des quantités différemment exprimées a été établi, et dès le moment où le mécanisme, par lequel on fait passer une fraction d'un membre d'une équation à l'autre membre, — a été démontré, — la *Tenue des livres* en *parties doubles* était inventée ; il s'agissait seulement de l'appliquer aux affaires commerciales en opérant sur des noms de comptes accompagnés d'annotations et de chiffres pour indiquer des dettes et des créances, comme on opère en mathématiques sur des quantités précédées des signes *plus et moins* ($+$ et $-$). — C'est sur ces principes que toute méthode de comptabilité doit être basée, mais non sur les procédés arbitraires et traditionnels que la généralité des auteurs de traités sur la *Tenue des livres* tiennent de leurs devanciers du quinzième siècle, car ils ont la prétention ridicule d'enseigner une science qui, selon eux, ne serait inventée ou mise en application que depuis cette époque.

Tout commerçant qui sait lire, écrire et qui connaît les quatre premières règles de l'arithmétique est suffisamment capable pour organiser une comptabilité en *parties doubles* applicable à ses affaires ; mais pour cela, il faut qu'il s'applique à raisonner et à analyser convenablement ses opérations. C'est donc ce que nous nous proposons de lui enseigner dans le cours de ce présent ouvrage.

Des considérations qui doivent engager un commerçant à adopter la Tenue des livres en parties doubles, de préférence à la Comptabilité en parties simples.

En France, sauf quelques exceptions, la Comptabilité commerciale n'est traitée et pratiquée, comme elle doit l'être, que par les maisons de premier ordre ; mais la généralité des commerçants dans les classes inférieures, ne connaissent et n'utilisent aucune méthode régulière de comptabilité et sont encore sous l'influence de la routine en affaires.

Nous appelons routine cette manière particulière à chacun de faire ses affaires, de tenir ses Livres sans principe, sans ordre, et par conséquent sans aucun moyen de vérification pour les choses qui en réclament si souvent dans les affaires commerciales.

Cet état déplorable où se trouvent la plupart des négociants est un vice qui nuit au commerce en général, et au commerçant en particulier, parce que celui-ci se trouve fréquemment avoir besoin de connaître sa situation pour tenter un plus grand chiffre d'affaires ou pour le restreindre. De là, il s'en suit une position embarrassante qui fait échouer celui qui n'a pas toute la prudence et les prévoyances qu'exigent ses transactions commerciales.

L'ordre, la régularité et l'exactitude dans une maison de commerce sont une condition essentielle pour la réussite de ses affaires ; mais pour arriver à ce but, il est urgent pour elle d'avoir une comptabilité établie sur une base, et non tenue par routine.

Comptabilité routinière ou *Tenue de livres en parties simples,* c'est synonyme, puisque le commerçant qui la pratique travaille sans principe, et que dans tout moment donné où il aurait besoin de connaître sa position, il ne le peut sans être obligé de procéder à un inventaire général de ce qu'il possède et de ce qu'il doit, ce qui est ordinairement un travail trop long et dispendieux qui le met en arrêt devant le temps à perdre et les frais à faire.

Traiter les affaires de cette manière, c'est travailler perpétuellement dans l'obscurité, c'est-à-dire sans savoir si on gagne ou si on perd de l'argent ; il est vrai qu'il y a une infinité de commerçants qui, tout en ayant ainsi conduit leurs affaires, ont réalisé des bénéfices immenses et fait leur fortune.

tandis qu'en plus grand nombre, d'autres n'auraient pas fait de mauvaises affaires, ou en auraient fait de meilleures s'ils eussent marché avec plus de précision ou de connaissance sur le développement dont leurs opérations étaient susceptibles en comparaison de la situation de leur maison.

Cette situation, nul commerçant, dans le cours de ses opérations, ne peut la connaître s'il n'a adopté la comptabilité ou *Tenue de livres* dite en *parties doubles* qui est la seule méthode sérieuse, puisqu'elle a une raison d'être et qu'elle repose sur une base de principes fondamentaux et qu'enfin elle réunit toutes les conditions désirables d'ordre et d'exactitude.

Au moyen de ce système de comptabilité, en tout moment, le commerçant peut se renseigner sur la situation de ses affaires pour être à même de diriger convenablement ses spéculations. Aussi les grandes maisons et celles qui comprennent le mieux les affaires, ont adopté la *Tenue des livres en parties doubles,* parce qu'elle leur procure ces avantages précieux, et, d'un autre côté, on doit se faire une idée de l'importance que ces maisons attachent à leur comptabilité, puisqu'elles ne craignent pas d'augmenter leurs frais généraux de quelques milliers de francs pour la faire traiter avec soin, par un ou plusieurs employés spécialement chargés de s'en occuper.

Une infinité de négociants ou de petits commerçants croiront peut-être avoir raison en voulant se récrier sur ce que nous venons de dire de la comptabilité pratiquée par les grandes maisons, et objecter que leurs affaires ne sont pas assez importantes ni assez lucratives pour leur permettre de faire de tels sacrifices : c'est impossible à nous, diront-ils, et nous n'avons pas à y penser. La réponse à une pareille objection est facile à faire, la voici :

Si les affaires d'une maison ne sont pas importantes, le travail que nécessitera sa comptabilité ne le sera pas non plus, et il y a, du reste, un moyen de modifier la *Tenue des livres en parties doubles* de manière à la rendre excessivement simple et peu laborieuse, pour être utilisée dans tous les genres de commerce qu'on peut se trouver dans le cas d'exercer.

Conséquemment, dans cet ouvrage, nous ne poursuivrons d'autre but que celui de démontrer et d'enseigner la méthode la plus rationnelle et générale que chacun devrait adopter pour créer et pratiquer sa comptabilité ; mais quant à la *Tenue des livres en parties simples*, nous ne nous en occuperons nullement ; et au contraire, nous engageons tout négociant qui la pratique, à la réformer irrévocablement, ce sera pour lui un pas assuré vers la réussite et le progrès.

De la manière d'établir une Tenue de livres en parties doubles et du moyen le plus efficace de l'enseigner.

Pour connaître la position d'une maison où il n'existe point de comptabilité ou qui n'a qu'une *Tenue de livres* imparfaitement traitée, on sait qu'il faut procéder à la rédaction d'un inventaire général de ce qu'elle possède et de ce qu'elle doit. Or, quand il s'agit de créer une *Tenue de livres en parties doubles,* il est absolument nécessaire d'en faire de même, puisque dans ce cas, la situation du commerçant doit être représentée sur ses livres par une combinaison de comptes ayant chacun la dénomination particulière de la personne ou de la chose qui le concerne.

Dans ce qu'on appelle le commerce, les sortes d'industries ou les spécialités étant infiniment variées, il en résulte que les noms à donner aux comptes qui doivent représenter les diverses parties du matériel d'une maison, diffèrent pour chaque genre de commerce dans une même proportion.

En conséquence, il n'est point rationnel de baser une méthode d'enseignement sur plusieurs comptes généraux, comme cela a lieu dans tous les ouvrages de comptabilité que nous connaissons, car ces procédés, non applicables à tous les genres de commerce, ne sont qu'arbitraires et traditionnels. En effet, puisqu'un traité sur la *Tenue des livres* est généralement destiné à toutes les personnes qui font du commerce, ou à celles qui désirent s'y vouer, un auteur ne peut évidemment indiquer à chacun de ses lecteurs quels sont les véritables noms qu'il devra donner à ses comptes pour organiser la comptabilité qu'il se trouve dans le cas d'établir.

Pour enseigner avec succès la *Tenue des livres en parties doubles,* un auteur doit donc se borner à démontrer et à expliquer, d'une manière claire et précise, le mécanisme au moyen duquel elle se pratique, car il suffit qu'un commerçant comprenne bien ce mécanisme pour qu'il soit en état d'établir lui-même sa comptabilité dans toutes les formes et conditions voulues.

De plus, avant de parler des comptes et des noms qu'ils doivent porter dans une Tenue de livres, il faut avoir appris au lecteur le moyen de rechercher les causes et les choses qui donnent lieu à la création ou à la raison d'être de tel ou tel de ces comptes, sans quoi, la manière d'enseigner serait vicieuse et incompréhensible pour l'élève.

Comme ce n'est point sur les exemples que l'on trouve dans une méthode d'enseignement que chaque commerçant peut se renseigner d'une manière positive et réelle pour établir sa comptabilité, mais seulement sur les données de son propre inventaire, il est évident que si l'on trouve la source et la base d'une comptabilité dans le bilan ou l'inventaire d'une maison, on doit, à plus forte raison, y reconnaître la base et le point de départ pour l'enseignement de la *Tenue des livres.*

En prenant pour point de départ l'exemple où une personne qui possèderait une somme effective de...... et qui, avec ce capital, aurait l'intention de fonder une maison de commerce, ce serait choisir un cas exceptionnel, puisque sa position ou son avoir serait connu avant d'établir sa comptabilité; mais en se représentant une maison déjà établie dont on ne connaît point la position, le cas est général, attendu qu'il s'agit d'établir sa situation commerciale et de créer sa comptabilité.

Au surplus, avant de faire du commerce, toute personne peut faire son inventaire ou établir son bilan, mais chacun n'a pas une somme de..... à verser dans sa caisse, donc l'inventaire d'une maison en activité est l'exemple le plus général que l'on puisse donner dans une méthode d'enseignement.

Ainsi, pour mettre en application nos principes de *Tenue de livres* et les faire comprendre à nos lecteurs, nous devons nous représenter une maison de commerce avec ses capitaux, son matériel, ses débiteurs et ses créanciers, etc., en un mot, avec tout son entrain, sans tenue de livres, ni comptabilité en règle, en nous pénétrant bien que nous avons pour mission de nous rendre compte de sa situation et de lui établir sa comptabilité en *parties doubles.*

En ce cas, nous savons qu'il faut procéder à la rédaction de son inventaire, c'est donc par là que nous commençons.

De l'Inventaire.

L'Inventaire d'une maison est le dénombrement par écrit de tout ce qu'elle possède en numéraire ou billets de banque, valeurs en papier payables à vue ou échéances fixes, sommes à recouvrer chez ses débiteurs, marchandises, meubles, immeubles, etc., et de tout ce qu'elle doit à ses créanciers ou en sommes à payer contre des effets en circulation, ou pour intérêts desdites créances, loyer échu non soldé, ou partie de loyer due comme temps écoulé dans les appartements que l'on occupe, etc.

On le décompose en deux parties distinctes : l'une sous la dénomination d'Actif, et l'autre, sous celle de Passif; en sorte que tout le détail des objets ou des valeurs qui forment l'avoir total d'une maison s'inscrit dans le chapitre intitulé *actif,* et tout ce qu'elle doit dans le deuxième désigné par *passif.*

Conséquemment, les espèces en caisse ou billets de banque, les valeurs en portefeuille, les débiteurs, les marchandises, les approvisionnements divers, les meubles, immeubles, etc., constituent *l'actif;* et les créanciers ou personnes à qui l'on doit, les intérêts, les effets à payer, les pertes présumées sur des créances douteuses, etc., forment le *passif.*

Ci-après nous donnons l'inventaire de la maison que nous prenons pour exemple, en priant nos lecteurs de l'examiner attentivement; mais, toutefois, nous leur ferons observer que les marchandises, dans chaque inventaire, ne doivent être portées ou évaluées qu'aux prix coûtant d'après les factures des fournisseurs, et les meubles ou immeubles, estimés le plus exactement possible à leur valeur vénale. — Conformément aux prescriptions du Code du Commerce, l'inventaire doit être copié sur un registre spécial à ce destiné (Voyez page **24).**

INVENTAIRE AU 1ᵉʳ JANVIER 1857

De la Maison de Commerce de M. MONNEREAU, à Paris, rue.......

ACTIF.

CAISSE.

Espèces effectives en numéraire et billets de banque.	»	»	12,500	»
Valeurs en portefeuille.				
Sur Rouen, au 15 janvier courant.	5,000	»		
» Paris, 15 »	345	50		
» Lyon, 20 »	3,400	»		
» Lyon, 25 »	250	»		
» Amiens, 25 »	860	»		
» Lille, 25 »	140	»		
» Versailles, 31 »	750	»		
» Nantes, 10 février prochain.	2,500	»		
» Strasbourg, 15 »	3,830	»		
» Nevers, 20 »	500	»		
» Bordeaux, 1ᵉʳ mars prochain.	1,560	»		
» Orléans, 15 »	50	»	19,185	50
Créances à recouvrer ou Débiteurs divers.				
Mornand et Compⁱᵉ, banquiers à Paris.	35,420	»		
Bernard, négociant à Paris	400	»		
Joquand, » »	1,500	»		
Comard, » »	2,600	»		
Vincent, » à Rouen	40	»		
Juvillier, » à Besançon	30	25		
Paulus, » à Nantes	4,800	»		
Ponet, » à Marseille	3,200	»		
Villard, » à Lille	1,700	»		
Molard, » à Orléans	730	»	50,420	25
Marchandises en magasin.				
400 mètres drap d'Elbeuf, 1ʳᵉ qualité, à fr. 15.	6,000	»		
1,200 » de Sedan » » 12.	14,400	»		
200 » » qualité supʳᵉ » 15.	3,000	»		
50 » toile fine » 5.	250	»		
20,000 » étoffes diverses » 5.	100,000	»		
20 hectolitres vin de Bourgogne » 75.	1,500	»		
50 » de Bordeaux » 90.	4,500	»		
100 kilogrammes fer en barres » 55.	55	»		
500 » acier en barres » 150.	750	»		

Continuer ainsi en inscrivant toutes les marchandises propres à la vente, sorte par sorte, dimension par dimension, avec le prix coûtant de chaque article, suivant facture du fournisseur.

Dans une fabrique ou autre établissement où il y aurait des marchandises en fabrication à l'époque de l'inventaire, évaluer au plus juste le prix de chaque chose, d'après l'état où se trouve l'objet comparativement aux frais de main-d'œuvre déjà faits.

			130,455	»
Location.				
Avance de paiement sur mon loyer annuel, payée au propriétaire à titre de garantie, .	3,000	»	3,000	»
Approvisionnements divers.				
50 kilogrammes huile au service de mon établissement. . . . . . fr. 1 50	75	»		
100 » chandelles » 1 60	160	»		
500 » bois à brûler » les 100 kil. 5	25	»		
1,000 » charbon de terre » » 3 50	35	»		
A reporter....	295	»	215,560	75

Inventaire. — (Suite.)

ACTIF.

Report... | 295 | » | 215,560 | 75

Fournitures de bureau.

6 rames papier à lettres. . . . . fr. 7 »	42	»		
4 douzaines crayons. 0 60	2	40		
4 grosses plumes métalliques. 1 50	6	»		
10 registres neufs non en usage (1) pour.	100	»		

Détailler ici toutes les fournitures au service des bureaux que, pour abréger, nous évaluons ensemble

à . . . . | 350 | » | 795 | 40

Outils, meubles et immeubles.

1 bureau avec casiers pour le correspondant.	100	»
1 bureau avec casiers pour le teneur de livres.	100	»
1 casier pour la correspondance.	80	»
2 fauteuils. . . . . fr. 20	40	»
4 chaises. 4	16	»
1 pendule.	60	»
1 casier pour les draps.	400	»
10 autres casiers pour diverses marchandises.	1,500	»
2 tables. 20	40	»
3 tabourets. 4	12	»
1 armoire pour les archives.	100	»
2 comptoirs pour les marchandises. 150	300	»

Détailler ainsi tous les outils et meubles que l'on trouverait encore à inscrire, et, pour nous résumer, supposons qu'ils soient évalués ensemble à . . . . | 5,600 | » | 8,348 | »

Nota. Si la maison possédait des immeubles tels que : bâtiments, prés, champs, jardins, etc., il faudrait les porter ici en les évaluant le plus exactement possible à leur valeur vénale.

»   Montant total de l'Actif. . . . . | » | » | 224,704 | 15

PASSIF.

Créanciers divers.

Movillard, à Elbeuf.	10,206	50		
Bonnard, à Sedan.	34,520	»		
Dolfuss, à Mulhouse.	15,243	50		
Martin, à Châlon-sur-Saône.	6,700	»		
Bovin, à Bordeaux.	5,200	»		
La Compagnie des Forges..	1,530	»		
Les Aciéries de Rives.	4,800	»		
Marchand, à Paris.	6,300	»		
Binet, mon employé	1,400	»		
Bouvier, »	450	»	86,350	»

Effets en circulation, à payer.

Mon billet ordre Movillard, au 15 courant.	500	»		
» Bonnard, 20 »	2,600	»		
Mandat de Bovin, 31 »	400	»		
» Dolfuss, 3 février.	2,800	»		
Mon billet ordre Bouron, 10 avril.	700	»	7,000	»

»   Montant total du Passif. . . . . | . . | . | 93,350 | »

(1) On ne doit pas estimer les registres en usage, parce qu'ils sont considérés comme des non-valeurs passées par frais généraux.

RÉCAPITULATION.

ACTIF.

Caisse, espèces y existant suivant bordereau.	12,500	»
Portefeuille, effets sur diverses places, y existant ce jour.	19,185	50
Débiteurs divers, montant des créances à recouvrer chez eux, valeur à ce jour.	50,420	25
Marchandises en magasin propres à la vente.	130,455	»
Location, avance sur le prix de mon loyer.	3,000	»
Approvisionnements divers et fournitures de bureau.	795	40
Outils, Meubles, Immeubles, estimés ensemble à.	8,348	»
Ensemble formant le montant total de l'Actif.	224,704	15

PASSIF.

Créanciers divers, montant total de ce que je leur dois, valeur à ce jour.	86,350	»
Effets en circulation à payer aux diverses échéances indiquées.	7,000	»
» Montant total du Passif à déduire de l'Actif.	93,350	»
» Excédant de l'Actif sur le Passif.	131,354	15

De la création des Comptes ; — de leurs dénominations respectives ; — de leurs fonctions particulières et du moyen de les établir d'après les données d'un inventaire.

En nous reportant à l'Inventaire que nous venons de rédiger pour servir d'exemple général dans notre méthode, nous voyons que la maison de commerce que nous nous sommes représentée, possède en valeurs diverses un avoir équivalant à une somme de 131,354$^{fr.}$ 15$^{c.}$ formant l'excédant de tout ce qu'elle a en possession sur tout ce qu'elle doit, ce qui nous indique sa situation financière et matérielle, situation qui serait transformée en dettes, si au contraire son passif surpassait d'autant son actif.

Or, maintenant que nous connaissons l'avoir de notre maison, et qu'il s'agit d'établir sa comptabilité en *parties doubles*, conformément à la loi et dans toutes les conditions énoncées précédemment, il faut créer d'abord un seul compte primitif pour y représenter notre susdite maison dans sa position actuelle, c'est-à-dire qu'il représentera tout ce qui constitue l'*actif* et le *passif* de l'inventaire, et que, pour cette raison, nous désignerons sous le titre de *compte général* (1).

En conséquence, ce compte général tiendra la place, sur les livres que nous avons à établir, — du négociant qui posséderait, soit à lui seul, soit en commun avec un ou plusieurs associés, la maison de commerce qui a, conformément à son inventaire, un avoir de 131,354$^{fr.}$ 15$^{c.}$; — toutefois, nous ferons remarquer que, plus tard, nous expliquerons pourquoi nous ne faisons pas de différence entre une maison qui n'a qu'un seul chef avec une autre où il y aurait plusieurs associés ou ayant-droit.

Ainsi, par suite du rôle que nous donnons au *compte général*, primitivement établi, il se trouve personnifié et alors nous pouvons dire qu'il est créancier de la somme de 131,354$^{fr.}$ 15$^{c.}$; mais, en ce cas, il faut rechercher de quelle manière il devient créancier et qui sont ses débiteurs.

Pour cela, jetons un coup d'œil sur la récapitulation de notre inventaire et nous verrons que dans ce qui conpose l'*actif*, il y a :

---

(1) On pourrait aussi l'appeler *compte de capital* parce qu'il représentera l'avoir ou le capital d'une maison, mais nous préférons la première dénomination à celle-ci, par des motifs que nous expliquerons dans le moment le plus opportun.

12,500^{fr.} »^{c.} espèces en caisse,
19,185   50   de valeurs en portefeuille,
50,420   25   montant des sommes à recouvrer chez divers débiteurs,
130,455   »   valeur des marchandises en magasin,
3,000   »   payés en avance sur le loyer annuel,
795   40   en approvisionnements divers,
8,348   »   en outils, meubles et immeubles, etc.
______
224,704^{fr.} 15^{c.} ensemble formant tout ce que notre maison possède.

Or, en supposant qu'une personne nommée A se charge et prenne à son compte les sept sommes partielles ci-dessus, sans les avoir payées, cette personne A remplacera alors notre *actif*, ou la somme de 224,704^{fr.} 15^{c.} et nous pourrons dire :

A ou *actif* doit à *compte général*. . . . . 224,704^{fr.} 15^{c.}

Et dans ce qui compose le *passif*, nous voyons que notre maison doit :

86,350^{fr.} »^{c.} à divers créanciers, et
7,000   »   montant des effets non échus à payer.
______
93,350^{fr.} »^{c.} ensemble formant tout ce que nous devons ; et en supposant encore que ce soit à une seule personne, nommée P, nous pourrons dire aussi :

Compte général, doit à P ou *passif*, la somme de.. . . . . 93,350^{fr.} »^{c.}

En résumant, nous aurons :

A ou *actif* doit à *compte général*. 224,704   15
Compte général doit à P ou *passif*. 93,350   »
______
La différence qui est de. . . . . . . 131,354^{fr.} 15^c

est donc la somme nette dont le *compte général* reste créancier, ce qui serait une affaire en ordre et clairement réglée si cette somme ne se composait que de valeurs en espèces sonnantes ou en billets de banque ; mais attendu qu'il en est autrement, c'est-à-dire que nous n'en avons qu'une faible partie qui soit réalisée en espèces, et que le surplus, se composant de valeurs non échues, de créances à recouvrer, de marchandises non vendues, etc., on comprendra facilement que si nous voulons faire la liquidation ou continuer les affaires de notre maison, il est urgent de savoir :

1° Combien on reçoit et combien on débourse de valeurs en espèces ou billets de banque, c'est-à-dire d'être fixé sur les opérations de la caisse ;

2° Combien on reçoit de valeurs en effets payables à vue ou à des échéances fixes sur Paris et toutes autres places, et qu'elle est la destination que l'on donne à chacune de ces valeurs ;

3° Ce que l'on fait d'affaires avec les maisons qui sont débitrices parce qu'on leur fournit des marchandises, ou qu'on leur remet des valeurs pour qu'elles en fassent l'encaissement ou pour les placer à intérêt ;

4° Ce que nous recevons de marchandises de nos fournisseurs et ce que nous en expédions à l'extérieur ou livrons sur place à nos clients ou commettants ;

5° Ce que nous payons de loyer, de frais d'administration, de contributions diverses, d'entretien, de réparations, etc., etc., que nécessitent le train ou les affaires de la maison ;

6° Ce que nous possédons en outils, meubles ou immeubles, et ce que nous pouvons nous trouver dans le cas d'en acheter, d'en vendre et d'en user ;

7° Ce que nous achetons de chacun de nos fournisseurs et ce que nous leur donnons en paiement pour voir combien nous leur redevons ;

8° Quelles sont les sommes que nous avons à payer à telles ou telles échéances, par billets souscrits ou par mandats fournis sur notre caisse, payables à des dates fixées par nous ou qui auront dû nous être indiquées par les tireurs dans le deuxième cas.

— Cette énumération de huit catégories de renseignements nécessaires pour établir la comptabilité de notre maison suivant l'inventaire, est encore un exemple général que nous donnons, car il est certain que, dans le commerce, il y a des maisons qui tiennent essentiellement à se rendre compte du chiffre d'affaires qu'elles font sur telle ou telle autre sorte de marchandises, ainsi que de différentes dépenses ou frais sur lesquels il faut être fixé pour reconnaître si un article produit un résultat plus ou moins satisfaisant qu'une autre espèce d'article, alors, dans ce cas, il faut avoir soin, en faisant l'inventaire, de le classer par catégories de valeurs relativement aux renseignements que chaque commerçant désire obtenir sur ses affaires.

Ainsi, parmi les marchandises qui figurent dans notre inventaire, nous avons des draps et autres étoffes, des vins, du fer et de l'acier ; donc, si nous voulions être renseigné sur les affaires et les bénéfices que nous ferons sur chacune de ces sortes de marchandises, il faudrait faire, sur l'inventaire, — une catégorie des draps et étoffes, — une pour les vins, — une pour le fer, — une pour l'acier, etc., etc., et ainsi de suite pour les frais ou dépenses différentes, — les meubles, immeubles et outils, afin d'établir un compte spécial pour chacune de ces sortes de valeurs.

D'après ces explications, nous pensons que chacun pourra rédiger ou faire rédiger son inventaire de manière à être renseigné convenablement pour créer sa tenue de livres à l'instar de celle que nous allons établir sur les données de l'inventaire que nous avons pris pour exemple.

A cet effet, jetons de nouveau un coup d'œil sur notre inventaire, et voyons aussi page 16, où nous avons démontré que nous sommes autorisés à dire :

A ou *actif* doit à *compte général*. . . . . 224,704 $^{fr.}$ 15 $^{c.}$

Compte général doit à P ou *passif*. 93,350   »

Qu'est-ce donc que A ou *actif?* Ce n'est autre chose que :

12,500 $^{fr.}$ » $^{c.}$ espèces en caisse ou COMPTE DE CAISSE,
19,185   50   valeurs en porte-feuilles ou TRAITES et REMISES (1),
50,420   25   débiteurs divers ou COMPTES DES DÉBITEURS.
130,455   »   marchandises en magasin ou MARCHANDISES GÉNÉRALES,
3,000   »   avance sur le prix du loyer. . } ou FRAIS GÉNÉRAUX,
795   40   approvisionnements. . . . . }
8,348   »   outils, meubles et immeubles ou MOBILIER (2).

224,704 $^{fr.}$ 15 $^{c.}$ ensemble, représentant exactement ce que A doit à *compte général*.

Maintenant, en ce qui concerne P ou *passif*, nous aurons :

86,350 $^{fr.}$ » $^{c.}$ créanciers divers ou COMPTES DES CRÉANCIERS,
7,000   »   effets en circulation ou EFFETS A PAYER.

93,350 $^{fr.}$ » $^{c.}$ équivalant à ce que *compte général* doit à P ou *passif*.

Puisqu'en ce moment notre actif se trouve divisé en six catégories de comptes différents, conformément aux renseignements dont nous avons besoin pour continuer les affaires de notre maison, on pourrait supposer que ce sont six personnes au lieu d'une qui s'en sont chargées, chacune pour son compte particulier, savoir : la première des *espèces en caisse;* la seconde, des *valeurs en portefeuille;* la troisième, etc., etc. ; — et dire qu'elles doivent toutes ensemble à la place de A, à *compte général*, la somme totale de 224,704 $^{fr.}$ 15 $^{c.}$; mais comme il résulte de cette supposition que tous les comptes doivent être considérés comme personnifiés, nous pensons que chacun nous comprendra suffisamment en disant :

Compte de caisse. . . . . doit à *compte général*. . . . . 12,500 $^{fr.}$ » $^{c.}$
   » *de traites et remises*   »   19,185   50
   » *des débiteurs divers*   »   50,420   25
   » *des marchandises générales*   » 130,455   »
   » *des frais généraux*   »   3,795   40
   » *de mobilier*   »   8,348   »

---

(1) Nous disons *Traites et Remises* au lieu d'*Effets à recevoir*, parce que les valeurs dont on constate l'existence en portefeuille ne sont plus à recevoir.

(2) Nous mettons seulement *mobilier*, mais dans le cas où l'on aurait besoin de plusieurs comptes, on les désignerait par *compte d'outils, compte de meubles, compte d'immeubles*, etc., avec indication des sommes respectives appartenant à chacun desdits comutes.

Si on se rappelle maintenant que nous avons dit, page 15, qu'il fallait rechercher de quelle manière le *compte général* devenait créancier de la somme de 224,704$^{fr.}$ 15^c· et qui sont ses débiteurs, on peut les reconnaître puisque nous venons de les nommer.

En opposition, et par la même raison, pour ce qui concerne P ou *passif,* nous disons :

Compte général doit aux *comptes de ses créanciers.*	86,350$^{fr.}$	»^{c}·
» au *compte d'effets à payer.*	7,000	»

D'après les dénominations que nous venons de donner aux comptes, nous connaissons donc les noms de chacun des débiteurs et de chacun des créanciers du *compte général* qui représente notre maison avec un avoir net de 131,354$^{fr.}$ 15^c· et, en conséquence, nous possédons alors tous les renseignements nécessaires pour organiser convenablement notre comptabilité ; seulement, avant tout, il faut établir tous nos comptes et régulariser la position respective de chacun, relativement à celle du *compte général* qui est la base ou le point de ralliement.

Ainsi, en nous appuyant sur les dénominations et les conventions que nous venons d'établir, nous ferons, à cet effet, l'énumération de nos susdits comptes avec leurs situations respectives, de la manière suivante, car il est prouvé que nous pouvons dire :

Les Suivants doivent à Compte général	. . .	.	224,704	15
Savoir :				
Caisse, — Pour les valeurs en espèces qu'elle renferme	12,500	»		
Traites et Remises, — Pour les valeurs en portefeuille	19,185	50		
Marchandises générales, — Pour celles en magasin	130,455	»		
Frais généraux, — Pour avance de frais et approvisionnements	3,795	40		
Mobilier, — Pour meubles.	8,348	»		
Débiteurs divers. . . . . Fr. 50,420 25				

Nota. On pourrait n'établir qu'un seul compte sous cette dénomination, pour tous ces débiteurs, mais comme il est plus convenable et commode, pour la facilité des recherches sur les sommes dues par un débiteur, que chaque personne ait son compte particulier, nous devons mentionner ci-après tous les noms qui figurent à notre inventaire dans la présente catégorie des *Débiteurs divers,* afin qu'un compte particulier et spécial soit ouvert pour chacun des débiteurs actuels suivants (1).

Mornand et Cie, banquiers à Paris, — solde à l'inventaire	35,420	»	
Bernand, négociant » »	400	»	
Joquand, » » »	1,500	»	
Comard, » » »	2,600	»	
Vincent, » Rouen, »	40	»	
Juvillier, » Besançon, »	30	25	
Paulus, » Nantes, »	4,800	»	
Ponet, » Marseille, »	3,200	»	
Villard, » Lille, »	1,700	»	
Molard, » Orléans, »	730	»	
Ensemble formant la somme indiquée plus haut, de	. . .	.	224,704	15

Par contre, nous pouvons dire aussi :

Compte général doit aux suivants	. . .	.	93,350	»
Créanciers divers. . . . . Fr. 86,350 »				

Nota. Par la même raison que celle donnée pour les débiteurs, nous nommons séparément les créanciers d'après l'inventaire où le dénombrement suivant en est fait à la page 14.

A Movillard, à Elbeuf, — solde lui revenant.	10,206	50	
A Bonnard, à Sedan, »	34,520	»	
A Dolfuss, à Mulhouse, »	15,243	50	
A Martin, à Châlon-sur-Saône, »	6,700	»	
A Bovin, à Bordeaux, »	5,200	»	
A reporter. . . .	71,870	»	93,350	»

(1) Il est bien entendu qu'un débiteur à l'inventaire peut devenir par la suite créancier, comme aussi un créancier peut devenir débiteur.

COMPTE GÉNÉRAL doit AUX SUIVANTS (Suite). . . . . *Report.* . Fr. 93,350 | »

Créanciers divers. . . . . . . Fr. 86,350 » (Suite). *Report.* . . . 71,870 | »

A LA COMPAGNIE DES FORGES DE... solde lui revenant	1,530	»
Aux ACIÉRIES DE RIVES, »	4,800	»
A MARCHAND, à Paris, »	6,300	»
A BINET, mon employé, »	1,400	»
A BOUVIER, »	450 »	86,350 »
A EFFETS A PAYER,—Pour les sommes non échues que j'ai à payer aux dates mentionnées		
à mon inventaire	7,000 »	7,000 »
Ensemble formant la somme totale due par le *Compte général.*		93,350 »

En récapitulant, nous avons :

Compte général, son avoir total chez ses débiteurs. . . . . 224,704 [fr.] 15 [c.]

» total de ses dettes chez ses créanciers. . . . . 93,350 »

L'excédant de l'avoir du *compte général* sur ses dettes étant de . . . . . . 131,354 [fr.] 15 [c.]

somme égale à la différence entre l'actif et le passif de notre inventaire, il en résulte que les comptes ci-dessus dénommés sont régulièrement et exactement établis, et qu'alors ils peuvent être inscrits sur les livres pour y représenter le personnel et toutes les parties du matériel qui indiquent la situation commerciale de notre maison, conformément aux principes énoncés page 9.

Remarques et observations générales sur la combinaison des comptes et sur les procédés usités dans les méthodes d'enseignement où la Tenue des livres en parties doubles est basée sur cinq comptes généraux.

En examinant la combinaison de nos comptes, on remarque aisément qu'elle s'opère par un mecanisme ou des principes analogues à ceux que nous avons énoncés à la page 9, puisque nous voyons que toute somme due par un compte fait partie de l'avoir d'un autre compte, et réciproquement.

C'est donc en vertu de ce mécanisme, qui a pour effet de maintenir l'équilibre entre le *doit* et l'*avoir* des comptes, que l'on a un moyen infaillible de vérification pour s'assurer si aucune erreur ou omission n'a été commise dans l'inscription des sommes qui y figurent. — Ce moyen consiste à réunir tous les comptes sur une liste, en indiquant dans une colonne, disposée à cet effet, la somme due par chacun, et dans une deuxième colonne, la somme qui lui est due ; puis de faire l'addition totale dans chaque colonne, afin d'obtenir deux produits égaux. — Au contraire, si les deux sommes totales n'étaient pas les mêmes, il y aurait évidemment erreur ou omission, et alors il faudrait pointer les sommes portées alternativement dans un compte à un autre compte pour rechercher où se trouvent les irrégularités qui empêchent le maintien d'équilibre entre le *débit* et le *crédit des comptes* sommairement réunis.

On appelle cette opération *faire une balance* : nous en donnerons un exemple quand nos livres seront établis et qu'alors nos écritures d'inventaire y seront inscrites.

Dans notre méthode, nous n'admettons qu'un seul compte principal pour servir de base à notre système de comptabilité, et comme nous l'avons appelé *compte général* parce qu'il a pour fonctions de réunir, à lui seul, toutes les parties du matériel et tout le personnel d'une maison, il représente donc la maison elle-même, ou son chef, ou l'avoir collectif de plusieurs associés y ayant droit,

Conséquemment, tous les autres comptes n'étant établis que pour représenter uniquement et séparément chacun une des parties du matériel et du personnel en question, ne peuvent être appelés que des *comptes particuliers,* attendu qu'ils ne sont autre chose que les représentants spéciaux des agents ou employés chargés par le *compte général,* considéré comme chef, de vendre et acheter pour son compte, en échangeant entre eux les marchandises et autres valeurs de toutes espèces qu'ils ont entre les mains.

Ainsi, pendant le cours des opérations commerciales, c'est-à-dire pendant toute une campagne, ou depuis le premier inventaire à l'inventaire suivant que l'on fait ordinairement au bout d'un an à l'effet de se rendre compte des bénéfices réalisés sur les affaires d'une année, — le *compte général* ne sera mis en action que pour supporter des pertes ou rabais que les *comptes particuliers* auraient eus à subir sur quelques affaires partielles ; — ou pour recevoir quelques bénéfices, escomptes ou intérêts provisoirement obtenus par un ou plusieurs de ses susdits agents (ou comptes particuliers). Ceci se conçoit aisément puisque c'est la maison ou son chef qui récolte les bénéfices et subit les pertes, s'il y en a.

Excepté ce cas, ce seront les *comptes particuliers* qui agiront sans le recours du compte général, en faisant le va-et-vient de l'un chez un autre, de plusieurs chez un seul, de plusieurs chez plusieurs, — et réciproquement.

A la fin de la campagne seulement, au moment de clore le deuxième inventaire, tous les comptes particuliers qui ne se balanceraient pas devront être soldés par le *compte général,* c'est-à-dire que les uns viendront y déposer ce qu'ils devront, pour entrer à son débit ; et les autres, toucher ce qui leur reviendra, en les faisant figurer à son crédit. — De cette manière, les recettes des affaires faites pendant toute la campagne étant effectuées et les dépenses soldées, le *compte général* ou *la maison* verra clairement ses bénéfices, si ce qui lui reste surpasse ce qu'elle avait pour commencer les affaires d'après son premier inventaire, et ses pertes, si c'est le contraire. — Dans ce cas, il faut bien faire attention que ce qui revient au *compte général* lors d'un inventaire ne lui est réellement pas payé par ses débiteurs, et que ce qu'il doit à ses créanciers ne leur est pas définitivement soldé, puisque ce n'est qu'une supposition que l'on doit faire pour pouvoir se rendre compte des bénéfices ou des pertes résultant des affaires traitées entre les *comptes particuliers.*

Quand tous les *comptes particuliers* sont ainsi soldés et balancés, il faut en faire la clôture en soulignant au débit et au crédit le produit de chaque addition, qui doit être le même dans la colonne de la page gauche que dans celle de la page droite (pour chacun des *comptes particuliers*), de telle sorte qu'il ne reste plus que le *compte général* qui soit encore ouvert, réunissant alors les apports de tous ses agents rentrés chez lui, à l'effet d'y laisser les bénéfices qu'ils ont faits, et de lui faire supporter les pertes ou les frais que certains d'entre eux auront eus à payer.

Conséquemment, pour faire ressortir les bénéfices réalisés ou les pertes éprouvées par la maison, et pour recommencer une nouvelle campagne, il faudra remettre à nouveau, en dehors du *compte général,* tous les comptes particuliers qui auront été supposés soldés, en portant comme débiteurs, à l'inventaire nouveau, ceux qui devaient lors de la clôture et qui ont été balancés par le débit du *compte général ;* et comme créditeurs, ceux à qui il était dû, ayant été soldés par le crédit du même *compte général.*

Dans chaque compte particulier, la somme ayant formé le solde pour le clôre et le balancer sera celle qui devra figurer dans le même compte renouvelé, à l'exception, toutefois, des *comptes de marchandises, de mobiliers, meubles, immeubles,* et autres comptes de matériel et des *frais généraux* ou autres dépenses, qui sont ceux ayant dû naturellement produire : le premier, des bénéfices ou des pertes, et les autres, en tous cas, des pertes ou avaries. Or, comme il n'est pas possible de constater au moyen des écritures, les soustractions de marchandises ayant pu avoir lieu dans un magasin pendant une campagne par suite d'erreurs inaperçues dans les réceptions ou livraisons, par avaries ou par vols ignorés, et qu'évidemment il en est de même pour la consommation des approvisionnements et l'usure des meubles, outils, pertes de valeurs sur les immeubles suivant les circonstances, etc., — on doit donc, en faisant la clôture de ces susdits comptes qui font exception, les considérer comme définitivement soldés par le *compte général* et s'en référer aux données du nouvel inventaire pour faire figurer à nouveau, au débit de ces comptes, par le crédit du *compte général,* les sommes respectives constatées dans les catégories de valeurs qui les concernent au susdit inventaire nouveau.

Cela ainsi fait, c'est-à-dire que tous les *comptes particuliers* ou agents subordonnés au *compte général* étant de nouveau sortis de chez lui, les uns avec les sommes qui leur sont dues, et les autres, avec celles qu'ils doivent pour recommencer de nouvelles affaires, on obtiendra alors le résultat des bénéfices réalisés ou des pertes éprouvées par la maison en soldant le *compte général* par lui-même pour enfin le clore et faire figurer la somme formant la balance de son crédit avec son débit, au nouveau compte. Nous expliquerons et donnerons un exemple de cette opération au moment où nous serons arrivés à la clôture de notre deuxième inventaire.

C'est maintenant qu'il est convenable de dire à notre lecteur pourquoi, en créant le *compte général* page 15, nous avons préféré lui donner cette dénomination à celle de *compte de capital* ou de *profits et pertes;* — en voici les motifs :

Suivant les principes de la méthode générale que nous adoptons pour servir de guide et d'enseignement à tous les négociants indistinctement, le capital d'une maison de commerce serait anéanti s'il y avait plusieurs associés y ayant-droit et mise de fonds, c'est-à-dire que chaque ayant-droit ou associé aurait son compte particulier pour sa mise de fonds ou sa quote-part, et ne serait alors considéré que comme un agent du *compte de capital,* faisant partie de tous ses agents créanciers, sans avoir égard à son titre d'associé.

Ainsi, en supposant qu'il y ait trois associés dans la maison qui a un capital de 131,354 fr. 15 c. d'après les comptes que nous lui avons établis pages 18 et 19, ce capital se trouverait réduit à 0, puisqu'il faudrait en faire ressortir la part de chacun pour la faire passer à l'avoir de son compte particulier, ce qui aurait lieu en procédant de la manière suivante, car, en ce cas, on écrirait :

Compte de capital doit *aux suivants :*   131,354 fr. 15 c.

A *notre sieur* Jean M. — Pour sa quote-part de la 1/2 lui revenant dans l'avoir de notre maison, suivant inventaire clos ce jour. . . . . 65,677 fr. 07 c.
A *notre sieur* Charles B. — Pour sa quote-part du 1/4,   id. 32,838 54
A   »   Paul G. —   id.   1/4,   id. 32,838 54

                             Ensemble. . . . 131,354 fr. 15 c.

Donc, en faisant suivre l'inscription de cette répartition du capital, comme elle est faite ci-dessus, à la suite de la récapitulation des autres comptes établis page 19, ce capital n'existerait plus; et c'est pour cette raison que nous désignons le compte qui, en tous cas, doit le représenter par *compte général* au lieu de *compte de capital.* Nous rappelons donc à nos lecteurs que, s'ils ont pu s'étonner du peu de différence que nous avons fait page 15, en établissant le *compte général* d'une maison où il n'y aurait qu'un seul ayant-droit avec un autre où il y en aurait plusieurs, c'est qu'il y en a peu aussi, puisqu'il n'y a qu'une répartition de plus à faire, telle que nous venons d'en donner un exemple.

Quant à la désignation de ce compte par celle de *profits et pertes,* nous la trouvons illusoire et la rejetons :

1° Parce qu'un capital ne peut faire partie des profits ni des pertes, puisque c'est en faisant travailler les membres du capital que l'on obtient des bénéfices ou que l'on fait des pertes, donc un compte de *profits et pertes* doit être distinct du *compte de capital;*

2° Et lors même qu'il serait distinct du *compte de capital,* un compte de *profits et pertes* n'aurait aucune raison d'être dans une tenue de livres et n'y produirait d'autre effet que celui de compliquer inutilement les écritures puisqu'il ne peut donner par lui-même aucun résultat définitif, ni sur les bénéfices réalisés, ni sur les pertes éprouvées, attendu que pour les reconnaître ou s'en rendre compte on serait obligé, à l'époque d'un inventaire, de solder ce compte comme tous les autres par celui de *capital* qui est le seul qui puisse donner le résultat des bénéfices obtenus ou des pertes éprouvées sur la totalité des affaires faites par une maison de commerce pendant une campagne.

Il est évidemment plus simple et rationnel de faire subir de suite au *capital* les rabais ou pertes provisoires, et d'y ajouter les bénéfices partiellement obtenus, que de les porter d'abord inutilement dans un autre compte qu'il faudrait ensuite balancer par le *capital;* ceci est tout naturel et tombe sous le sens le plus vulgaire, car si une maison réalise des bénéfices, son capital s'en augmente nécessairement, et si elle éprouve des pertes, c'est encore son même capital qui s'en diminue.

De là, nous concluons donc que le véritable nom à donner au compte qui représente tout et qui, à cet effet, doit tout recevoir et tout payer, est celui de *compte général*, puisqu'en outre cette dénomination peut lui être indistinctement appliquée dans toute comptabilité, soit commerciale, privée ou administrative.

Mais il n'en est pas de même en désignant comme généraux les comptes de *caisse, marchandises, traites et remises, effets à payer*, et de *profits* et *pertes*, et en basant sur ces cinq comptes l'enseignement de la comptabilité, ainsi que cela a lieu dans tous les traités de *Tenue de livres* que nous connaissons. — Ces principes d'enseignement, loin d'être généraux, sont au contraire assujettis à une infinité d'exceptions dont aucun de ces ouvrages ne fait mention, ce qui est une des principales causes que la *Tenue des livres en parties doubles* reste incompréhensible pour le plus grand nombre des personnes qui ont recours à un ouvrage qui procède de cette manière.

En effet, est-il rationnel dans un traité sur la *Tenue des livres* d'appeler compte général un compte qui ne peut pas être utilisé chez tous les commerçants? Évidemment non. C'est une anomalie qui a toujours eu et aura toujours le fâcheux résultat de mettre la confusion dans les idées d'une personne peu exercée en comptabilité, qui s'est procuré ou se procurera un ouvrage ainsi raisonné, pour y chercher les moyens et les instructions nécessaires sur la marche à suivre pour établir une tenue de livres applicable à ses affaires.

Si, dans une méthode de comptabilité, on appelle comptes généraux les comptes de *caisse*, de *marchandises*, de *traites et remises*, d'*effets à payer* et de *profits et pertes*, c'est dire à toute personne que sa tenue de livres doit être basée sur ces cinq comptes, ce qui est évidemment une erreur, car cela ne peut avoir lieu chez un banquier, un commissionnaire de roulage, un agent de change, etc., etc., puisque dans les maisons de ce genre il n'y a point de marchandises et qu'alors un compte *ad hoc* serait inutile.

Un cas analogue se présente chez les commerçants qui ne paient, ne forment et ne reçoivent jamais d'effets, attendu que les comptes de *traites et remises* et d'*effets à payer* n'ont aucune raison d'être dans leur comptabilité.

Nous pourrions de même citer plusieurs autres cas qui nous amèneraient à démontrer que, parmi les cinq comptes sus-mentionnés, celui de *caisse* est le seul dont la même utilité ou la similitude réelle se reproduise indistinctement chez tous les commerçants, et qu'en effet on pourrait, avec quelque raison, l'appeler un compte général; mais comme il n'en est pas de même relativement aux quatre autres, il en résulte que toute méthode d'enseignement basée sur cinq comptes désignés comme généraux est vicieuse, et qu'elle sera toujours incompréhensible pour toute personne peu expérimentée en tenue de livres, qui ne trouvera pas la raison d'être de chacun de ces comptes dans une comptabilité applicable à ses affaires.

En vertu des différentes exceptions que nous venons de signaler, nous pouvons conclure que la seule méthode d'enseignement qui puisse universellement être comprise et servir de guide à toute personne pour créer et pratiquer une *Tenue de livres en parties doubles*, est celle qui sera basée sur un seul compte général représentant une maison avec un matériel et un personnel qui lui seront subordonnés sous tous les rapports et en toutes circonstances, comme les comptes particuliers représentant ce matériel et ce personnel sont subordonnés au compte général. — En enseignant et en démontrant la *Tenue des livres en parties doubles* suivant ce principe, la règle ne présente aucune exception, puisque nous avons déjà fait voir qu'un seul compte primitif peut produire tous les autres comptes; c'est donc à juste titre que nous avons intitulé notre ouvrage *Méthode générale de Comptabilité*.

De la classification des Comptes et des conditions dans lesquelles on doit les régler.

Dans notre comptabilité, les comptes qui la composent forment deux classes distinctes, qui sont :
1° Celle des comptes personnifiés portant des noms de valeurs quelconques, de bénéfices, de dépenses, frais, rabais, escompte, etc. ;

2° Celle des comptes réellement personnels portant des noms de personnes ou de sociétés.

Les premiers étant affectés au matériel, aux dépenses ou à l'administration d'une maison, peuvent aussi être appelés *comptes de gestion*. A la fin de chaque campagne, pour les solder et les clore, on doit les régler sans calcul d'intérêt sur les sommes qui y sont inscrites, parce qu'ils représentent des valeurs exposées et sacrifiées par une maison, pour les mettre à la disposition des personnes fictives dont ces comptes portent respectivement le nom, afin que son commerce soit alimenté et géré au moyen des éléments par lesquels lesdits comptes ont leur raison d'être.

Dans la comptabilité prise pour exemple, sur notre méthode, ces personnes fictives sont, savoir :

Le *compte général*, la *caisse*, les *marchandises, traites et remises, frais généraux, mobilier*, et *effets à payer*.

Les comptes personnels étant, au contraire, les représentants des personnes qui ont des dettes et de celles qui ont des créances dans une maison, on peut encore les désigner sous le nom de *comptes de capitalisation*. En conséquence, et conformément aux conventions faites entre un débiteur et son créancier, ces comptes seront réglés sans intérêt ou avec intérêts.

Dans ce dernier cas, si plusieurs sommes figurent au débit et au crédit d'un compte personnel qui ne se balance pas, il devient nécessaire, pour se rendre compte des intérêts qui reviennent au créancier, d'établir un extrait fidèle de ce compte sur une liste *ad hoc*, afin d'y indiquer les échéances à partir desquelles chaque somme capitalisée doit rapporter intérêt, et de calculer méthodiquement cet intérêt au taux convenu pour en obtenir le résultat.

Ces extraits de comptes sont appelés des *comptes courants et d'intérêts*; et, quoiqu'ils ne soient généralement usités que dans la banque ou dans les maisons qui ont de nombreuses et importantes relations, nous en reparlerons et enseignerons la manière de les établir et de les calculer, dans un autre chapitre.

Des Registres nécessaires pour créer et pratiquer la Tenue des livres en parties doubles.

Parmi les registres qui sont nécessaires pour organiser une comptabilité, il y en a trois principaux que l'on peut citer comme devant exister dans toute maison de commerce, ce sont :

Le Journal,

Le Grand-Livre,

Le Copie de Lettres.

Quant aux autres, il n'est pas possible d'en déterminer le nombre ni de les nommer d'une manière générale, parce que leurs usages et leurs dénominations varient comme les spécialités sont variées dans le commerce, en sorte que l'un ou plusieurs peuvent être indispensables à un commerçant, tandis qu'aussi ils peuvent être inutiles à un autre, exerçant un commerce différent.

On les appelle *livres auxiliaires*, parce qu'au moyen des notes ou inscriptions auxquelles ils sont destinés, on obtient facilement les renseignements nécessaires sur les affaires faites par une maison pour les enregistrer et les classer avec ordre sur le *livre-journal*.

Comme il est essentiel qu'un teneur de livres soit initié en tout dans les affaires d'une maison pour traiter et pratiquer convenablement sa comptabilité, on peut aisément comprendre que le même cas a lieu pour établir et mettre en usage les registres destinés à en faciliter la tenue et l'application. Ainsi, ne pouvant dire à chacun quels sont les livres auxiliaires qui lui seraient utiles, nous nous bornerons à citer seulement ceux qui nous seront nécessaires pour organiser la tenue de livres de la maison que nous nous sommes représentée pour servir d'exemple dans la présente méthode, en faisant, toutefois, remarquer qu'ils sont ceux dont l'usage est le plus fréquent dans la généralité des maisons de commerce.

Ces registres *auxiliaires* sont :

1° Le *brouillard* ou *main-courante* ;
2° Le *livre de caisse* ;
3° Le *copie des traites et remises* ou *copie d'effets* ;
4° Le *copie des effets à payer* ;
5° Le *livre des ventes* ou *copie des factures envoyées* ;
6° Le *copie des factures reçues* ou *achats* ;
7° Le *copie de commissions* ;
8° Le *livre des envois* ou *expéditions*.

Avant de faire la description de tous ces registres et celle de leurs usages respectifs, nous rappellerons ci-après les prescriptions du *Code de commerce*, concernant la comptabilité commerciale et les obligations que la loi impose à tout négociant de tenir avec ordre et exactitude les livres qui lui sont indispensables. Elles sont ainsi conçues :

« Tout commerçant est tenu d'avoir un *livre-journal* qui présente, jour par jour, ses dettes actives « et passives, les opérations de son commerce, ses négociations, acceptations ou endossements d'effets, « et généralement tout ce qu'il reçoit et paie à quel titre que ce soit, et qui énonce, mois par mois, « les sommes employées à la dépense de sa maison, le tout indépendamment des autres livres usités « dans le commerce, mais qui ne sont pas indispensables.

« Il est tenu de mettre en liasses les lettres missives qu'il reçoit, et de copier sur un registre celles « qu'il envoie.

« Il est tenu de faire tous les ans, sous seing-privé, un inventaire de ses effets mobiliers et immobi- « liers, et de ses dettes actives et passives et de le copier, année par année, sur un registre spécial à ce « destiné.

« Le livre-journal et le livre des inventaires seront paraphés et visés une fois chaque année.

« Le livre de copies de lettres ne sera pas soumis à cette formalité.

« Tous seront tenus par ordre de dates, sans blancs, lacunes ni transports en marge.

« Les livres dont la tenue est ordonnée par les articles ci-dessus seront paraphés et visés, soit par « un des juges des tribunaux de commerce, soit par le maire ou un adjoint, dans la forme ordinaire « et sans frais.

« Les commerçants sont tenus de conserver ces livres pendant dix ans.

« Les livres de commerce, régulièrement tenus, peuvent être admis par le juge pour faire preuve, « entre commerçants, pour faits de commerce.

« Les livres, que les individus faisant le commerce sont obligés de tenir, et pour lesquels ils n'au- « ront pas observé les formalités ci-dessus prescrites, ne pourront être représentés ni faire foi en jus- « tice au profit de ceux qui les auront tenus.

« Pourra être poursuivi comme banqueroutier simple et être déclaré tel, — le failli qui présentera « des livres irrégulièrement tenus, sans néanmoins que les irrégularités indiquent de fraude, ou qui « ne les présentera pas tous.

« Pourra être poursuivi comme banqueroutier frauduleux et être déclaré tel, — le failli qui n'a « pas tenu de livres, ou dont les livres ne présenteront pas sa véritable situation active et passive. » (*Code de Commerce,* articles 8, 9, 10, 11, 12, 13, 594 et 597.)

Du Journal.

Ce registre est ainsi appelé parce qu'il est destiné à y transcrire, jour par jour, et au fur et à mesure que le cas s'en présente, les affaires actives et passives d'un commerçant, c'est-à-dire l'énumération de toutes ses opérations. Nous devrons donc y enregistrer tout d'abord les écritures concernant les comptes que nous avons établis pour représenter l'actif et le passif de l'inventaire qui sert d'exemple dans cet ouvrage.

— Pour faciliter les recherches que l'on est souvent obligé de faire dans les livres, quelle que soit la multiplicité des affaires d'une maison, il conviendrait que le *journal* fût choisi assez volumineux pour que l'on puisse au moins y inscrire toutes les opérations et négociations faites pendant une année ou une campagne.

Aux pages 54 à 64, nous donnons le modèle de ce livre avec des inscriptions qui indiquent la manière de le tenir, et ci-après nous expliquons son tracé :

1° La petite colonne *d* sert à y indiquer le folio du *grand-livre* où un compte nommé comme débiteur est ouvert;

2° La deuxième colonne *c* est, par contre, destinée aux n°s des folios dudit *grand-livre* où les comptes désignés comme créditeurs seront inscrits.

Ainsi, comme dans tout article du *journal*, les comptes qui doivent sont toujours nommés les premiers, et ceux auxquels il est dû étant désignés les derniers, — les folios du *grand-livre*, qui renfermeront les comptes débiteurs, devront donc toujours être indiqués dans la première colonne (*d*); et ceux des comptes créditeurs, dans la seconde (*c*);

3° La colonne *n* renfermera les n°s des effets reçus, formés et négociés, d'après leur enregistrement, par n°s d'ordre, sur les copies des *traites et remises* et d'*effets à payer*;

4° L'espace *ii*, entre les colonnes de gauche et de droite, sera rempli par les écritures qui désigneront les comptes débiteurs et les créanciers, et par celles qui donneront le détail des valeurs fournies et reçues par ces comptes;

5° Le petit espace *j*, réservé au milieu de la page et divisant en deux le trait qui sépare chaque article, est destiné à la date du jour où l'inscription d'un article doit être faite;

6° Les trois colonnes à droite de chaque page sont ainsi disposées pour que le détail des valeurs fournies et reçues par chaque compte soit numériquement indiqué dans la première [1]; pour que le produit partiel et respectif soit placé dans la seconde [2]; et qu'enfin la somme totale, pour chaque article, soit indiquée dans la dernière [3].

Voyez le modèle de notre journal, page 54; — un seul coup d'œil jeté sur les écritures qui y sont faites, suffira pour se rendre compte de la manière dont chaque colonne doit être remplie.

Il n'est pas nécessaire d'additionner la colonne des totaux [3], quoique la plupart des teneurs de livres le fassent; ce serait, au contraire, perdre inutilement du temps pour obtenir un résultat qui ne procurerait aucun renseignement précieux à un commerçant sur ses affaires. Nous en expliquerons la cause et les motifs au chapitre intitulé : *De la balance de vérification*, page 38.

Du Grand-Livre.

Ce registre est ainsi nommé à cause de la grandeur que l'on donne ordinairement à son format pour pouvoir réunir, sur chacun de ses folios, le plus possible d'écritures devant figurer dans un même compte. Il a été imaginé, pour faciliter le dépouillement des écritures faites au journal, et pour en extraire les sommes qui concernent respectivement chaque compte, afin d'établir l'état ou la liste exacte des sommes que chacun doit et de celles qui lui sont dues. A cet effet, autant que l'on trouvera de comptes nommés au journal, sous des désignations différentes, autant de folios du grand-livre devront être destinés à recevoir les écritures qui les concerneront, c'est-à-dire que chacun desdits folios doit porter en gros caractères l'inscription du nom d'un compte entre les mots *doit* et *avoir*, pour que tout ce qui sera indiqué au journal comme dû par ce compte soit reporté par ordre de dates sur la page ou côté de gauche du folio qui y sera affecté, et qu'il en soit fait de même sur le côté de droite pour toutes les sommes qui lui seront dues.

Toutefois, il faut bien faire attention que, si un compte était destiné à renfermer plus ou moins d'articles, il serait convenable de lui réserver entièrement un ou plusieurs folios successifs, comme aussi il serait à propos, pour ménager de la place sur le *grand-livre*, d'en ouvrir plusieurs sur un même folio.

Voyez pages 66 et 67, le tracé du modèle de *grand-livre* que nous donnons pour exemple, en expliquant ci-après la disposition et l'usage de ses colonnes :

Dans la page affectée au *doit* ou *débit*, la marge *a m* et la petite colonne *d* servent à y indiquer l'année, le mois et la date du jour correspondant avec la date d'un article du *journal* qui produit un report à faire dans un compte ; — la colonne *c* est destinée à l'inscription du nom du compte qui est créancier de la somme dont on fait le détail sur la même ligne dans l'espace *e*, compris entre les colonnes de droite et de gauche de la page ; — dans la petite colonne *f*, on y inscrit le n° du folio du journal sur lequel l'article reporté est inscrit ; — ensuite, dans la colonne *s*, on indique en chiffres la somme due.

Dans la page du *crédit* ou *avoir*, la marge *a m* et la colonne *d* sont destinées au même usage qu'au *doit* ; — la colonne suivante *c d*, renferme le nom du compte qui est débiteur de la somme dont on fait le détail sur la même ligne, dans l'espace *e e*, compris entre les colonnes ; la petite colonne *f°* renferme le n° du folio du journal d'après lequel on fait le report d'une créance ; — enfin, dans la dernière colonne *s s*, on inscrit en chiffres le montant de la valeur fournie ou *créance*.

Pour faire le transport des écritures inscrites au journal, dans tous les comptes qui sont disséminés sur un *grand-livre*, on comprend facilement que ce dernier registre doit être feuilleté très fréquemment ; or, pour en faciliter le maniement, il convient de l'établir sur un format oblong, de manière à ce que le livre étant ouvert, la page à gauche soit entièrement affectée au *débit* d'un compte, et la page à droite, au crédit ou *avoir*, de telle sorte que les deux pages en regard l'une de l'autre ne forment qu'un seul et même folio désigné par le même n° sur chacune d'elles.

L'expérience apprend que le format oblong pour un *grand-livre* n'est non-seulement pas plus commode que le format presque carré, mais qu'il en prolonge beaucoup plus la durée, surtout quand le registre est très volumineux. Plus un livre est étroit, mieux sa reliure se soutient et se conserve, tandis que plus il est large moins il résiste à la fatigue, parce que les bords extérieurs des feuillets, qui sont trop éloignés de la reliure, provoquent toujours trop tôt une rupture ou dislocation.

Nous aimons à faire cette observation tant sous le rapport économique que sous celui de la commodité, et pour mieux satisfaire aux exigences du *Code de Commerce*, puisqu'il prescrit que le négociant est tenu de conserver ses registres pendant dix ans.

On doit certainement laisser à chacun le soin d'établir son *grand-livre* comme il le croira le mieux disposé pour la comptabilité relative à sa spécialité dans le commerce ; néanmoins, nous indiquerons ci-après les dimensions qu'il convient, en général, de donner à un *grand-livre*, savoir :

1° 40 à 45 centimètres hauteur des feuillets sur 20 centimètres largeur, pour les volumes ayant moins de 300 folios ;

2° 45, 50, 55 ou 60 centimètres sur 22 ou 24 centimètres, pour les volumes de 300 folios et au-dessus.

Tout *grand-livre* doit être accompagné d'un répertoire ; mais quand il est très volumineux, il convient que ce répertoire en soit détaché, parce qu'alors la recherche des folios destinés aux comptes se fera plus commodément.

Du Copie de Lettres et de la Correspondance commerciale.

Le livre destiné à y transcrire la copie de chacune des lettres qu'un commerçant envoie à ses correspondants, est d'une urgence absolue pour la vérification des faits et des dates, lorsqu'il y a contestation en affaires. Et, lors même qu'on ne le considérerait pas ainsi dans telle ou telle maison, la loi est formelle à cet égard, comme on a pu le voir dans les prescriptions sus-relatées du Code de Commerce.

Aux pages 83 à 93, on trouvera le modèle que nous donnons pour la tenue de ce registre ; on remarquera qu'il doit être paginé du commencement jusqu'à la fin, et que les lettres doivent y être transcrites, jour par jour, et au fur et à mesure qu'elles sont écrites, sous la date que chacune porte, sans blanc, ni lacune, ni transport en marge ; afin que, conformément au Code de Commerce, il soit considéré comme régulièrement tenu et admis à faire preuve en justice quand le cas s'en présente.

Cette formalité n'est de rigueur qu'en ce qui concerne les registres sur lesquels on copie les lettres à la main, attendu que l'usage des copies de lettres à la presse, devenu général dans le commerce, n'était point connu des législateurs lorsqu'ils ont rédigé le Code ; car, au moyen de ce perfectionnement apporté depuis dans la manière de copier les lettres, les blancs et les lacunes doivent exister sur le

livre *ad hoc* comme sur l'original, puisqu'une lettre ainsi copiée est reproduite exactement telle qu'elle
a été écrite et qu'elle a dû être envoyée, et qu'alors il n'est pas possible d'en nier la fidélité.

Le copie de lettres à la presse est généralement établi sur le format in-4° du papier ordinairement
usité pour les lettres de commerce, et, à moins qu'une lettre ne soit très courte, il arrive rarement
qu'on en puisse copier plusieurs sur un seul folio, car le papier du registre utilisé à cet effet n'est pas
collé et doit être, au contraire, très perméable, pour qu'au moyen d'une encre spéciale, appelée *com-
municative*, on obtienne nettement, à travers ce papier, la reproduction des lignes écrites à la main
sur une lettre à envoyer.

Pour les personnes qui ne connaissent pas encore la manière de copier les lettres à la presse, quelques mots suffiront pour la leur expliquer ; — voici donc comment elle se pratique :

On prend une feuille de papier imperméable du même format que le folio sur lequel on veut copier,
et on applique le verso de ce folio sur cette feuille, puis avec un pinceau très soyeux, trempé dans de
l'eau de fontaine ou de rivière, on humecte partout également le recto dudit folio, de manière
à ce qu'il se trouve entièrement imbibé d'eau ; mais alors, pour obtenir une copie bien nette, on appli-
quera, en le pressant sur le folio humecté, un petit cahier de papier rose très perméable, afin de faire
disparaître l'humidité liquide déposée par le pinceau et pour que le feuillet du copie de lettres reste
mouillé apparemment, mais sans contenir la moindre goutte d'eau. — Une fois que le folio est rendu à
cet état d'humidité, on ôte la feuille de papier imperméable et on en reprend une autre, non mouillée,
pour la mettre sous le verso de la lettre à copier, et alors, on applique le verso du folio mouillé sur
le corps de ladite lettre ; puis, sur le recto de ce même folio humide, on remet de nouveau une autre
feuille de papier imperméable pour fermer ensuite le registre et le serrer sous la presse, de telle façon
que les folios non humectés, et sur lesquels rien ne doit être copié du même coup, soient séparés de
celui qui reçoit la copie par des feuilles imperméables. — Au bout de quelques secondes, on retire
enfin le registre de dessous la presse, et on trouve alors sa lettre parfaitement copiée.

La presse inventée par M. Nolet, 35, rue de la Lune, à Paris, convient parfaitement aux commerçants qui ne se trouvent pas dans le cas d'avoir à copier fréquemment plusieurs lettres à la fois ; mais
celle de M. Poirier, Faubourg Saint-Martin, quoique d'un prix plus élevé, doit être utilisée de préférence par les maisons qui ont de grandes correspondances, parce qu'elle est établie dans des conditions de solidité qui permettent de copier, du même coup, jusqu'à dix ou douze lettres à la fois.

Tout copie de lettres doit être accompagné d'un répertoire exactement tenu, de manière à faciliter
la recherche de toutes celles envoyées à chaque correspondant. (Voir notre modèle).

Des lettres reçues et de la manière de traiter une correspondance.

Aussitôt qu'on a lu une lettre que l'on vient de recevoir, il faut prendre pour habitude invariable de
la plier en deux sur la longueur de son format et de l'étiqueter de la manière indiquée ci-après, pour
l'ordre et la facilité des recherches dans les liasses :

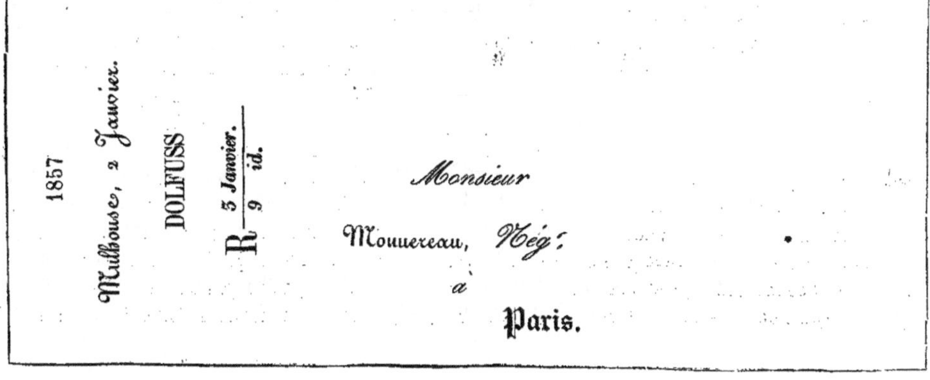

Pliée et étiquetée ainsi, on voit tout d'abord dans quelle année, quel mois et quel jour, et par qui une lettre reçue a été envoyée; on voit aussi le jour de sa réception et celui auquel on y a fait réponse; la date de réception se place au-dessus du trait que l'on tire en face de l'R— qui signifie reçue et répondue, et celle de la réponse s'indique au-dessous, au moment où elle a lieu.

Quand chaque lettre reçue est étiquetée, si on n'y répond pas de suite, on doit la placer dans une case étiquetée : *Lettres à répondre.*

En correspondance commerciale, pour la bonne règle, il faut accuser réception de toute lettre reçue ou y répondre quand l'occasion s'en présente, si les circonstances n'exigent pas une réponse immédiate. Or, chaque fois que le besoin se présente d'écrire à l'un de ses correspondants, il est essentiel de prendre l'habitude régulière de chercher dans la case des lettres à répondre pour s'assurer s'il n'y en aurait pas une ou plusieurs ayant été envoyées par la personne à qui on veut écrire. Au cas affirmatif, et selon le contenu d'une lettre, on y fait réponse ou l'on se borne simplement à en accuser réception, et c'est alors que l'on inscrit la date de cette réponse ou de cet accusé de réception, au dos de la lettre que l'on vient de répondre, afin de compléter les indications que doit fournir une lettre étiquetée; cela ainsi fait, on met ensuite la lettre répondue dans une autre case étiquetée : *Lettres répondues.*

Dans un autre cas, si on ne trouve point de lettres dans la susdite case des *lettres à répondre,* il faut avoir soin de s'assurer, en recherchant au copie de lettres, si, antérieurement à la date où l'on écrit à quelqu'un, on lui aurait déjà envoyé une ou plusieurs lettres, afin de relater et de confirmer celles auxquelles on n'a pas encore reçu de réponse.

Conséquemment, pour mettre en application ces principes d'ordre et d'exactitude dans une correspondance, il faut adopter et suivre la règle générale suivante :

Que toute lettre reçue doit être étiquetée et casée avec les lettres à répondre;

Que toute lettre envoyée à laquelle on n'a pas reçu de réponse doit être confirmée.

Cependant, dans le cas où une lettre reçue n'exigerait absolument aucune réponse, et qu'il serait ridicule de la rappeler, on mettra sur son dossier, à l'endroit où la date de la réponse s'inscrit, ces deux lettres S. R. qui signifient sans réponse, et alors on la casera avec les lettres répondues.

Quand la case des lettres répondues est remplie, ou sans attendre qu'elle le soit, on retire celles qui s'y trouvent, pour les trier et en faire un paquet sur chaque lettre alphabétique, depuis A jusqu'à Z, en faisant concorder chaque paquet avec l'initiale du nom des personnes qui les ont envoyées. — Une fois que ces lettres sont ainsi divisées par lettres alphabétiques, il faut retrier de nouveau dans chaque tas toutes celles qui sont étiquetées du même nom pour en faire une liasse séparée, en ayant soin de mettre celle de la date la plus ancienne dedans celle d'une date plus récente et reçue la première après, et ainsi de suite, afin que la dernière lettre reçue forme toujours le dossier de la liasse. Toutes les liasses étant ainsi faites pour chaque nom, on réunira ensuite celles d'une même lettre alphabétique pour les placer dans un autre casier étiqueté et disposé de la manière suivante :

A	B	C	D	E	F	G	H	I J	K	L
M	N	O	P	Q	R	S	T	U	V	X Y Z

Toutes les lettres reçues pendant une année devront être ainsi placées, en liasses, dans ce casier; mais comme il arrive toujours qu'à la fin de chaque année, il en reste encore dans la case des lettres à répondre, on attendra deux ou trois mois plus tard avant de retirer des cases les lettres de l'année écoulée; puis, au moment choisi à cet effet, on fera un paquet distinct avec les liasses qui se trouveront dans chaque case, en ayant soin d'accompagner chaque paquet d'une étiquette portant la même lettre alphabétique que celle de la case où les lettres qui le composent étaient placées.

Une fois, enfin, que toutes les lettres d'une année sont classées par liasses et par paquets alphabétiques, il faut les réunir dans une seule caisse ou un seul paquet étiqueté comme suit :

1857

CORRESPONDANCE.

Lettres reçues.

Cet ordre de classification pour la correspondance ou lettres reçues, dans une maison de commerce, n'a besoin d'aucun commentaire; chacun doit comprendre la facilité et l'agrément qu'il procure dans les recherches nombreuses qu'on est obligé de faire dans les archives de maintes maisons. — Les affaires que l'on traite par correspondance sont tellement variées qu'il n'est pas possible d'établir des formules générales pour les lettres à écrire. — Chacun, selon son genre de commerce, doit écrire à ses correspondants comme il le juge à propos, attendu qu'il faut connaître une personne ou être en relations avec elle pour savoir ce qu'il faut lui dire; seulement, en correspondance commerciale, il faut bien se pénétrer que le véritable talent d'un écrivain consiste simplement à être concis et aussi bref que possible dans la manière de s'exprimer. — Chaque fois que l'on écrit à l'un de ses correspondants, si l'on est en compte avec lui, il faut avoir soin de lui donner régulièrement avis que toutes les sommes que l'on a reçues ou payées pour son compte sont portées à son crédit ou à son débit, et, de même, lui accuser réception de ses envois de marchandises ou de valeurs quelconques, en lui faisant part des conditions dans lesquelles elles sont arrivées, et de celles auxquelles on peut les accepter.

En ce qui concerne la correspondance, nous nous bornerons aux observations qui précèdent, vu qu'il serait inutile de nous étendre davantage sur cette matière et que notre modèle de copie de lettres renferme des exemples sur lesquels on peut se baser pour mettre en application la règle générale qu'on doit suivre en écrivant une lettre.

LIVRES AUXILIAIRES.

—

Du Brouillard ou Main-courante.

Le Brouillard est un registre ou simplement un cahier sur lequel on écrit rapidement toutes les opérations que l'on fait, avec le détail qu'elles comportent, et au fur et à mesure qu'elles se présentent, afin qu'autant que possible rien ne soit omis dans les moments assez fréquents où l'on se trouve pressé par les affaires. C'est d'après les notes prises sur ce livre que l'on rédige proprement, et avec ordre, les articles du *journal*.

Nous ne donnons pas de modèle pour la tenue de ce livre, car il importe peu que les notes qu'il renferme soient prises avec ou sans soin; seulement, pour se faire une idée de l'usage auquel il est destiné, il faudra considérer les opérations, dont nous donnons l'exemple et le détail aux pages 41 à 46 , comme devant y être inscrites.

Du Livre de Caisse.

Dans toute maison, c'est le caissier ou la personne chargée de recevoir et de débourser les valeurs en espèces et en billets de banque, qui doit tenir ce livre, afin qu'elle puisse constamment s'assurer si elle n'a point commis d'erreurs en effectuant ses paiements ou en encaissant ses recettes, et se rendre exactement compte de la somme devant exister en caisse dans tout moment donné. — A cet effet, on dispose les folios de ce registre suivant le modèle que nous en donnons à la page 94, et on inscrit au débit tout ce qui entre en caisse, par ordre de date, et au fur et à mesure que les recettes se font, en ayant soin surtout d'en spécifier la nature et la provenance.

Par contre, tout ce qui sort de la caisse, pour paiements à faire ou dépenses à solder, doit être inscrit de la même manière à son avoir.

Toutes les sommes que l'on reçoit, et toutes celles que l'on débourse étant ainsi notées au livre de caisse, on est certain de n'avoir point commis d'erreurs lorsqu'à une date fixée à ce sujet, on a une somme en caisse concordant avec celle qui forme l'excédant du total du débit sur le total de l'avoir.

Les écritures qui figurent sur ce registre étant représentées au *grand-livre* par le *compte caisse*, il faut également que le solde présenté par ce compte soit toujours d'accord avec la somme en caisse.

Dans les maisons où la majeure partie des opérations se font par le maniement des espèces, on peut disposer le livre de caisse en *livre-journal de caisse*, proprement tenu, de manière à en reporter directement les écritures au *grand-livre*, afin d'abréger les écritures relatives à la caisse, et d'épargner le temps et la place que leur transcription nécessiterait si on la faisait encore une fois au *livre-journal* primitif.

Mais quand ces opérations sont restreintes, comme dans le plus grand nombre des maisons de commerce, un simple *livre-brouillard* suffit, puisqu'il est représenté au *grand-livre* par un compte de caisse exactement tenu.

Du Copie d'Effets ou des Traites et Remises.

Ce registre est destiné à y tenir un compte détaillé pour l'entrée et la sortie des effets qu'une maison forme à son ordre sur ses clients, ainsi que pour ceux qu'elle reçoit de ses mêmes clients susdits ou autres correspondants.

Avant d'en prendre note à la *main-courante* et avant de les mettre en portefeuille ou de les négocier, ces effets doivent être enregistrés par nos d'ordre et dates d'entrée, afin que leurs nos d'enregistrement soient indiqués dans la colonne *n* du *journal*, lorsqu'à vue de la *main-courante*, on y rédige les articles concernant les effets qui entrent dans le compte de *traites et remises* ou *portefeuille*.

Quand on négocie des effets ou quand on en fait l'encaissement, il faut aussi rappeler leurs nos d'enregistrement dans les articles du *journal* qui constatent leur sortie. Il importe de ne pas omettre cette indication, parce que dans le cas où des remises faites à un correspondant se trouveraient égarées, soit à la poste ou de toute autre manière, ce n° d'enregistrement servira à retrouver, sans perte de temps, tous les renseignements nécessaires pour prévenir qui de droit qu'un effet est tombé dans des mauvaises mains et qu'il ne faudra pas le payer si on le présentait à son échéance.

En examinant le modèle que nous donnons, page 98, pour la tenue de ce registre, on comprendra aisément qu'en pareille circonstance il n'en serait pas de même si un livre, destiné à cet usage, n'était pas établi dans des dispositions analogues, ou si, dans une maison, on ne copiait pas ainsi les effets qui doivent entrer en portefeuille avant de les négocier.

Quant aux traites, mandats ou lettres de change qu'une maison forme elle-même sur ses banquiers ou autres correspondants pour les donner immédiatement en paiement à quelqu'un, *il ne faut pas les enregistrer au copie d'effets*, parce qu'en le faisant *ce serait compliquer inutilement les écritures*, vu que les valeurs en papier créées dans ces conditions n'entrent jamais en *portefeuille*. — Les écritures nécessitées par les opérations de ce genre consistent simplement à passer un article au *journal* pour débiter — le compte de la personne à qui on cède une pareille valeur — par le crédit de celle sur qui elle est tirée ou par celui de celle qui doit la payer.

L'usage du copie d'effets procure encore un avantage précieux que nous devons signaler: c'est celui de produire une preuve évidente qu'on n'a pas commis d'erreur dans la négociation des effets qui sont entrés et sortis du *portefeuille* quand le nombre ou le montant de ceux non désignés sur ce livre comme cédés ou sortis, concorde avec ceux qui sont en *portefeuille*, en présentant, de part et d'autre, une même somme totale que celle formant l'excédant du débit sur le crédit du compte de *traites et remises* ouvert au *grand-livre*.

Relativement au nombre des effets que l'on forme et que l'on reçoit dans une maison, il est convenable de noter au copie des *traites et remises*, tous les huit jours ou à la fin de chaque mois, la sortie de ceux qui auront été négociés pendant le temps déterminé à cet effet. Cette sortie s'opère en cherchant sur le *journal* tous les articles dans lesquels il est dit qu'un tel ou des tels doivent à *traites et remises*, et en inscrivant au copie d'effets le nom du compte débiteur, dans la colonne affectée aux *cessionnaires*, et sur la ligne concordant avec le n° d'enregistrement de l'effet dû au compte de *traites et remises*, comme sorti du portefeuille.

Observation essentielle sur la négociation des effets. — Pour ne pas s'exposer à rester garant d'un effet protestable qu'on recevrait en paiement, et qui serait payable dans une ville secondaire ou autre petite localité où l'on n'aurait point de correspondant à qui on puisse l'envoyer pour en faire l'encaissement à date utile, il faut avoir le soin de le négocier au moins trente jours avant son échéance à un autre intermédiaire, sans quoi celui-ci ne pourrait légalement être engagé à le faire présenter et protester à bonne date, s'il y avait lieu, attendu que, pour cette raison, les banquiers eux-mêmes ne s'en chargent que sous toutes réserves de possibilité.

Du Livre d'enregistrement des effets à payer.

Tous les billets qu'une maison de commerce souscrit au profit de ses fournisseurs ou autres correspondants, doivent être enregistrés sur ce livre, conformément au modèle que nous en donnons page 100, ainsi que toutes les traites, mandats ou lettres de change qui seront tirés sur elle par ses susdits fournisseurs ou correspondants quelconques, dont elle se chargera du paiement, après avoir reçu l'avis préalable de leur émission.

Avant de le remettre à la personne à qui on le souscrit, un billet doit être ainsi copié et numéroté, afin de rappeler le n° d'enregistrement qu'il porte, dans la colonne *n* du journal, en y rédigeant un article par lequel on débite le compte de cette personne par le crédit de celui des *effets à payer*. — Quant aux traites ou lettres de change, on les copiera à vue des lettres qui en donneront avis, et sur ces lettres on indiquera les n°⁵ d'enregistrement, afin de les rappeler au journal dans l'article par lequel on débitera aussitôt le compte de la personne — qui aura fourni et avisé un effet — par le crédit du compte d'*effets à payer*.

Quand un effet est rentré, c'est-à-dire quand on l'a soldé et que le paiement en est inscrit à l'avoir du *livre de caisse*, on crédite alors le compte de caisse par le débit des *effets à payer*, et dans la colonne affectée à la rentrée, sur le livre d'enregistrement, on inscrit le mot *payé*.

En procédant de cette manière, on peut toujours être fixé sur les sommes qu'on doit payer à telle ou telle échéance, et on aura constamment la preuve de n'avoir point commis d'erreur dans la transcription de l'émission et dans celle du paiement des *effets à payer*, quand le total des effets non rentrés au livre d'enregistrement concordera avec l'excédant de l'avoir total sur le débit total du compte d'*effets à payer* ouvert au *grand-livre*

Du Livre des ventes ou du Copie des factures à remettre.

Ce registre est destiné à y inscrire par n°⁵ d'ordre et de dates, toutes les factures concernant les ventes ou livraisons que l'on ne fait pas au comptant. — Chaque jour, s'il y a lieu, on y a recours pour rédiger un article au *journal* par lequel on crédite le compte de *marchandises générales* par le débit respectif des personnes à qui on a fait des livraisons et remis facture aux objets fournis. — Quant aux ventes dont les factures sont payées au comptant, si l'on ne jugeait pas nécessaire d'en prendre copie à titre de renseignements pour l'exécution de demandes ultérieures, on se bornera à en inscrire le montant au livre de caisse, pour que le compte de *marchandises générales* en soit crédité par le débit du *compte de caisse,* c'est-à-dire sans faire figurer les factures soldées de cette manière, dans les comptes des personnes à qui ces ventes auraient été faites.

A la fin de chaque mois, toutes les factures qui sont copiées au livre des ventes doivent être additionnées ; et, au totali on ajoutera le montant de toutes celles payées au comptant et inscrites au débit du livre de caisse, afin de connaître le chiffre total des ventes générales faites par une maison pendant chaque mois, et, par suite, pendant chaque année. (Voir le modèle que nous donnons, pour la tenue de ce registre, pages 103 à 105).

Cette manière de passer les écritures des factures remises convient parfaitement aux maisons qui ne font pas chaque jour de nombreuses livraisons, et qui ont des jours fixes dans chaque semaine ou chaque mois pour faire leurs expéditions ; mais quand il en est autrement, c'est-à-dire que s'il ne se passait pas un jour sans qu'une maison ne fît de nombreuses ventes, on comprend aisément que les écritures à faire au *journal* se multiplieraient d'autant plus que l'on aurait d'articles à y passer pour créditer le compte de marchandises du montant des ventes faites journellement. Or, pour éviter le travail et épargner le temps que nécessiterait cette masse d'écritures que l'on aurait à faire au journal, il faut se représenter et considérer le *copie des factures remises* comme un *livre-journal* de ventes adjoint au journal primitif, et d'après lequel les factures qui y seront inscrites devront être reportées, jour par jour, directement au débit du compte de chaque personne sous le nom de qui une facture sera inscrite.

En opérant ainsi, au lieu de créditer le compte de marchandises de 20 à 30 fois dans 20 à 30 articles rédigés au journal principal pour les ventes faites pendant un mois, on le créditera seulement une fois, à la fin de chaque mois, du montant total de toutes les ventes inscrites au livre de factures, en l'inscrivant directement à son avoir au *grand-livre,* mais en ayant soin de faire abstraction des ventes au comptant desquelles ledit compte de marchandises aura été crédité par le débit de la caisse.

Enfin, pour simplifier aussi les écritures relatives au livre de caisse, dans une maison qui ferait beaucoup de petites ventes au comptant, il faudrait établir un registre spécialement destiné à y inscrire, sans exception, toutes les livraisons ou factures payées au comptant ; et, au lieu de noter jour par jour le produit de ces ventes au livre de caisse, pour en créditer jour par jour le compte de *marchandises,* — à la fin de chaque mois, le livre des ventes au comptant sera additionné, et le montant total en sera seulement porté au débit du livre de caisse, pour que, dans un seul article du *journal,* le compte de caisse en soit débité par le crédit de celui de *marchandises générales.*

Ainsi, en notant de cette façon les ventes au comptant, si, pendant le mois, on voulait vérifier la caisse, il faudra bien faire attention qu'en ce cas, le montant des sommes qui seront inscrites au livre des ventes au comptant devra être considéré comme porté au débit du livre de caisse.

Du Copie des Factures reçues ou Achats.

Pour se renseigner avec facilité sur les différents achats qu'une maison peut se trouver dans le cas de faire, et pour retrouver sans perte de temps le prix auquel on a acheté tel ou tel article à telle ou telle époque, il convient de copier sur un registre spécial, à ce destiné, toutes les factures que l'on reçoit ; et cela, aussitôt qu'on les a vérifiées et reconnues conformes à la livraison ou envoi du fournisseur.

Pour passer écritures au *journal* des factures reçues, il faut avoir soin de classer les objets achetés et reçus dans les comptes qui les concernent, c'est-à-dire que le compte de *marchandises générales* doit être débité de celles que l'on achète pour les revendre ; — que le compte de *frais généraux* doit être débité des factures qui concerneront des fournitures de bureau ou autres approvisionnements ; — que le compte de meubles sera débité des meubles ou outils achetés pour le service de la maison ;

et ainsi de suite, pour tout ce qui aura rapport à tel ou tel autre compte ouvert ou a ouvrir au *grand-livre*.

Quand un fournisseur a un compte ouvert au *grand-livre*, ou quand on juge à propos de lui en ouvrir un à cause de l'importance des affaires de différentes natures que l'on fait ou que l'on pense faire avec lui, on crédite son compte du montant de chacune des factures qu'il remet par le débit des comptes qui reçoivent les objets facturés.

Mais, dans tout autre cas, les factures qui n'auront pas été payées au comptant et qui resteront à régler, seront classées par ordre alphabétique dans des cartons; et, pour simplifier les écritures, les comptes qui les concerneront ne seront débités de leur montant qu'à l'époque où elles auront été réglées, soit directement, par le crédit du compte de caisse, ou par celui de tout autre compte qui aurait fourni des valeurs pour solder lesdites factures.

Nous ne donnons pas de modèle pour ce registre, parce que chacun doit le tenir à sa manière, et qu'au besoin on peut se dispenser de copier les factures reçues quand elles sont classées avec ordre dans des cartons.

Du Copie de commissions.

Ce registre est destiné à y inscrire, par numéros d'ordre et dates de réception, toutes les commandes ou ordres que l'on reçoit; c'est conformément aux notes qui y sont prises qu'on doit exécuter, expédier et facturer un envoi de marchandises.

Dans chaque genre de commerce, ou chaque spécialité, ce livre étant mis en usage sous une forme et des dispositions particulières, nous n'en donnerons donc point de modèle.

Du Livre des envois ou expéditions.

Dans toute maison qui se trouve dans le cas de faire des envois à ses clients, soit par chemins de fer, diligence, roulage ou par messagers, ce livre est indispensable. — Tous les colis que l'on expédie doivent y être enregistrés par numéros d'ordre, avec indication de leurs marques ou adresses, de leur poids, de leur nature, de la voie par laquelle l'envoi en a été fait, afin que, dans le cas où un destinataire ne recevrait pas en temps voulu ce qu'on lui aurait envoyé, on puisse se procurer tous les renseignements nécessaires pour réclamer à qui de droit les colis restés en retard ou égarés. (Voyez le modèle de ce registre, page 107.)

Observations et Instructions générales sur la manière de rédiger les articles du Journal.

Comme on sait maintenant que le *journal* est destiné à représenter toutes les opérations que fait une maison, sous la dénomination des comptes qui composent sa comptabilité, il faut bien se rappeler que toute opération à enregistrer au *journal* doit constamment présenter une égalité entre deux rapports ou deux quantités, et former les deux membres d'une équation.

En tenue de livres, les termes qui composent chaque quantité ou chaque membre de l'équation sont des noms de comptes accompagnés d'annotations et de chiffres pour indiquer des dettes ou valeurs reçues à porter au débit respectif de chacun des comptes désignés dans le premier membre, et des créances ou valeurs fournies à porter à l'avoir de ceux dénommés dans le second.

Cela posé, il est donc entendu que, dans tout article à rédiger au *journal*, les comptes débiteurs seront nommés d'abord pour composer un tout et présenter, de ce côté, une somme due égale au total de celles qui seront indiquées comme fournies et revenant aux comptes créditeurs qu'on désignera ensuite pour former le deuxième tout (ou deuxième membre).

Mais, à cet égard, nous ferons remarquer que, selon le cas, ou selon le genre d'opérations, un article du *journal* peut et doit être rédigé de quatre manières différentes :

1° En ne présentant qu'un seul compte débiteur et qu'un seul compte créditeur;

2° En présentant plusieurs débiteurs et un seul créancier;

3° En présentant un seul débiteur et plusieurs créanciers;

4° En présentant plusieurs débiteurs et plusieurs créanciers.

Dans le premier cas, on écrira au *journal* :

Un tel (le nom du compte débiteur) à *un tel* (le nom du compte créditeur) (1).

Dans le deuxième cas, on écrira : *Les suivants* (leurs noms) à *un tel;*

Dans le troisième cas,   —.   *Un tel* aux *suivants;*

Dans le quatrième cas,   —   *Les suivants* aux *suivants* (2).

Pour distinguer chacun de ces cas, et pour arriver à rédiger les articles du *journal* conformément aux principes ci-dessus énoncés, il faut avoir soin de se rappeler et d'observer, à cet effet, la formule ou règle générale suivante :

Tout compte qui reçoit ou dans lequel il entre une ou plusieurs valeurs doit en être débité, et mis en rapport avec le ou les comptes qui lui auront fourni ces valeurs; — et réciproquement;

Tout compte qui fournit ou duquel il sort une seule ou plusieurs valeurs doit en être crédité et mis en rapport avec le ou les comptes qui les reçoivent; — et réciproquement.

EXEMPLES.

Premier cas. — Soit un commerçant ayant vendu pour 250 francs de marchandises à un nommé Bernard. Si cette vente n'est pas faite au comptant, on stipulera sur la facture le terme accordé pour le paiement; et si, pendant la journée où ladite vente a eu lieu, rien autre chose en fait de marchandises n'avait été vendu, le commerçant qui a vendu et livré les marchandises devra constater cette opération sur son journal en y rédigeant un article de la manière suivante :

Fr. 250. Bernard à Marchandises générales,

        Pour ma livraison suivant facture n°   , *valeur au*   . . . . . Fr. 250 »

Si, au contraire, *Bernard* avait acheté et payé au comptant, il faudrait substituer le compte de Caisse à celui de Bernard, et rédiger l'article ci-dessus comme ci-après :

Fr. 250. Caisse à Marchandises générales.

        Reçu pour marchandises vendues au comptant à Bernard. . . . . Fr. 250 »

Qu'un acheteur ait ou n'ait pas de compte ouvert au *grand-livre,* si on lui vend au comptant, l'opération faite en pareil cas avec lui étant une affaire réglée, il devient inutile de la faire figurer dans son compte; car, en le faisant, ce serait compliquer et les articles à rédiger au *journal* et les reports à faire au *grand-livre,* puisqu'alors *Bernard* devrait d'abord être débité des marchandises qu'il aurait reçues et crédité ensuite de son paiement.

Deuxième cas. — Si, dans un même jour, un compte a fourni des valeurs à plusieurs autres comptes, c'est en pareille circonstance que ce cas se présente. Or, en supposant que, sous la date dudit jour, nous ayons vendu :

    à *Pierre,* pour 350ᶠʳ· de marchandises payables à terme fixe;

    à *Paul,* pour 150   id.   id.   id.

    à *Jean,* pour 500   id.   id.   au comptant.

---

(1) En tenue de livres, pour abréviation, on est convenu de dire simplement: *Un tel à un tel,* au lieu de : *Un tel doit à un tel;* soit : *Pierre à Paul,* pour indiquer que *Pierre doit à Paul.*

(2) Quand on a plusieurs comptes à nommer successivement dans le même article, il est plus convenable de les désigner collectivement par : *Les suivants* que par le mot *Divers,* qu'on pourrait facilement confondre avec un autre compte auquel on donne ce titre pour y représenter les clients ou correspondants avec lesquels on ne fait que rarement ou peu d'affaires.

Pour passer écritures au *journal* de ces trois opérations, nous y enregistrerons un article ainsi conçu :

Les Suivants à Marchandises générales, 1,000^{fr.} »

Pierre, — *Pour ma livraison de ce jour, suivant facture n°* , *valeur à* . . . . . 350^{fr.} »
Paul, — Id. id. id. id. . . . . . . 150 »
Caisse, — *Reçu pour marchandises vendues au comptant à Jean* . . . . 500 »

Ensemble. . . . . 1,000^{fr.} »

qui, à vue du *journal*, seront reportés en bloc au *grand-livre*, au crédit du compte de *marchandises*, tandis que les reports à y faire pour ces trois opérations seraient triplés si, au lieu de cet article, on y rédigeait les suivants :

350^{fr.} » Pierre à Marchandises générales. . . . . . . 350^{fr.} »

150^{fr.} » Paul à Marchandises générales. . . . . . . 150^{fr.} »

500^{fr.} » Caisse à Marchandises générales . . . . . . 500^{fr.} »

Troisième cas. — Diamétralement opposé au deuxième, il se présente quand un seul compte reçoit des valeurs de plusieurs autres :

Soit donc à passer écritures au *journal* des remises suivantes qui nous auraient été faites sous une même date :

Pierre nous remet son billet de 350^{fr.} » pour solde de ce qu'il nous doit;
Paul nous remet un effet sur Paris de 150^{fr.} » pour solde de ce qu'il nous doit;
on y rédigerait alors un article comme celui qui suit :

500^{fr.} » Traites et Remises aux Suivants :

A Pierre, *pour son billet n°* . *payable au* . . . . 350^{fr.} »
A Paul, *pour un effet sur Paris n°* , *payable au* . . . . . 150 »

A porter au débit du compte de traites et remises, ensemble . . . . 500^{fr.} »

Quatrième cas. — Quand plusieurs comptes reçoivent en même temps des valeurs de plusieurs autres comptes, au lieu de mettre directement un seul débiteur en rapport avec un seul ou plusieurs créanciers, pour épargner de la place au *journal* et afin d'avoir moins de reports à faire au *grand-livre*, il convient, au contraire, de rédiger un seul article au *journal* où la somme totale due par un groupe de comptes débiteurs sera égale au tout revenant à une 2me groupe de comptes créditeurs.

Dans ce quatrième cas, si nous nous représentons les opérations suivantes comme faites aujourd'hui :

Bertrand nous doit 450^{fr.} et il nous règle en nous remettant :

1 *effet sur Paris au* . . . . . *de* . . . . 330^{fr.} »
1 *billet de banque de* . . . . 100 »
1 *coupon de timbres-poste pour.* . . . . 11 »
2 °/₀ *de diminution que nous lui accordons pour escompte.* . . . . 9 »

450^{fr.} »

Favart nous remet aussi pour solde de notre facture du. . . . . montant à 725^{fr.} :

Son billet au. . . . . *de.* . . . . 700^{fr.} »
Erreur à son préjudice signalée et reconnue. . . . . 10 »
Appoint en espèces . . . . 15 »

725^{fr.} »

Pour passer écritures de ces opérations dans un seul article au *journal*, nous devrons donc le rédiger ainsi :

Les Suivants aux Suivants :

Traites et Remises.

N° 1 *effet sur Paris au.* . . . . . *remis par Bertrand.* . 330^{fr.} »
N° 1 » » *billet de Favart.* . . 700 » 1,030^{fr.} »

Caisse.

Reçu un billet de banque de Bertrand. . . . . 100^{fr.} »
» *pour appoint de Favart.* . . . . 15 » 115 »

A reporter. . . 1,145^{fr.} »

LES SUIVANTS AUX SUIVANTS. . . . . . . *Report.* . . 1,145^{fr.} »

FRAIS GÉNÉRAUX.

Reçu en timbres-poste de Bertrand . . . . 11 »

COMPTE GÉNÉRAL.

Pour escompte 2 % à Bertrand . . . . 9^{fr.} »

Erreur au préjudice de Favart. . . . . 10 » 19 » 1,175^{fr.} »

A BERTRAND, de LYON.

Pour son règlement par lettre du   courant. . . . . . . » 450^{fr.} »

A FAVART, DE PARIS.

Pour son règlement manuel de ce jour. . . . . 725 » 1,175^{fr.} »

— Comme les exemples présentés dans les quatre cas sus-mentionnés s'appliquent indistinctement et sans exception à tous les comptes, ils peuvent servir de formules pour passer écritures au *journal* de toutes espèces d'opérations. Ainsi, il est essentiel d'en prendre bonne note pour s'en rappeler et y avoir recours chaque fois qu'on se trouvera embarrassé pour rédiger un article à inscrire au *journal.*

Il est très important de méditer avec soin et attention ce présent chapitre, parce que la *Tenue des livres en parties doubles* ne présentera plus aucune difficulté à la personne qui sera parvenue à rédiger convenablement un article au *journal.* Tout le secret en est là, puisqu'il ne consiste qu'à décomposer ou à analyser les opérations de chaque jour, pour classer chaque espèce de valeur reçue dans le compte débiteur qui la concerne, et chaque espèce de valeur fournie dans le compte créditeur d'où elle sort ; seulement, pour éviter des écritures en double emploi, il est urgent de s'appliquer à saisir le cas où une somme peut directement être classée dans un compte au lieu de la faire figurer inutilement dans un autre. — A ce sujet, on ne peut donner aucune règle ni aucune instruction efficace ; en pareille circonstance, ce n'est que le bon sens ou le jugement du teneur de livres qui doit le diriger.

— Dans l'intention de perdre aussi peu de temps que possible, la plupart des teneurs de livres ne jugent pas à propos de prendre note sur la *main-courante* de toutes les opérations faites dans une journée pour en passer écritures ; et ils se bornent à rédiger les articles du *journal* à vue de tous les *livres auxiliaires,* en les prenant les uns après les autres, et en classant séparément celles desdites opérations qui sont inscrites sur chacun de ces livres. En procédant ainsi, l'économie de temps que l'on croit faire est mal calculée, car l'usage ou l'expérience apprend que si on inscrit rapidement à la *main-courante,* et sans exception, tout ce qui doit être représenté au *journal,* on a l'avantage et l'agrément d'avoir sous les yeux toutes les données et les renseignements nécessaires pour mieux combiner les comptes dans les articles à rédiger sous une même date, et y mieux classer les écritures. — Par ce moyen, la susdite perte de temps sera largement compensée puisqu'on pourra facilement grouper les comptes, moins diviser les articles, et, par suite, avoir beaucoup moins de reports à faire dans les comptes ouverts au *grand-livre.*

Conséquemment, pour arriver à ce but et pour enseigner ces moyens de simplification, la série d'opérations commerciales que nous présentons comme exemples, pages 41 à 46, devra être considérée comme *main-courante* tenue conformément aux procédés indiqués en dernier lieu.

Du moyen à employer pour apprendre soi-même la manière de tenir les livres en parties doubles.

Après avoir lu deux fois ce présent ouvrage et après avoir examiné attentivement les modèles de registres que nous y présentons, si on n'avait pas compris les principes énoncés au chapitre précédent sur la manière de rédiger les articles du *journal* à vue de la main-courante, nous pensons que celui de nos lecteurs qui se trouvera dans ce cas perdrait inutilement du temps en lisant ou en étudiant davantage. — Or, pour arriver à un résultat plus prompt et plus efficace dans cette étude, il y a un moyen réellement et incontestablement supérieur à celui de la lecture, et nous engageons tous les commençants à y avoir recours, parce qu'il est de nature à exercer leur esprit aux formes variées sous lesquelles les affaires se présentent, à fortifier et à préparer le raisonnement aux fructueux artifices de l'analyse.

Ce moyen est celui de s'appliquer soi-même au travail ou aux écritures pour essayer de rédiger les articles du *journal* à vue des notes prises sur la *main-courante*, et en faire les reports au *grand-livre*.

Pour cela, il faut comparer attentivement les notes inscrites à la *main-courante* avec les articles rédigés sur notre modèle de journal, copier tous ces articles, date par date, sur un *cahier-journal* qu'on établira *ad hoc*, afin de reporter soi-même, et jour par jour, sur un deuxième *cahier-grand-livre*, toutes les sommes qui figurent dans les comptes inscrits à notre modèle de *grand-livre*, et conformément aux instructions que nous donnons au chapitre suivant.

De l'ouverture des comptes au Grand-Livre, et de la manière d'y reporter les écritures à vue des articles rédigés au Journal.

Avant d'enregistrer toute opération commerciale sur les livres d'une maison, avons-nous dit aux *notions préliminaires*, il faut que sa situation y soit établie. — Conséquemment, si nous voulons procéder à l'ouverture des comptes établis pour représenter le matériel et le personnel qui constituent la maison *Monnereau*, conformément aux données de son inventaire du 1er janvier 1857, nous porterons d'abord au débit du livre de *caisse* 12,500fr. pour le montant des espèces qui y existent; —nous enregistrerons au copie de *traites et remises*, sous les nos 1 à 12, les douze effets trouvés en portefeuille; — nous copierons au livre des effets à payer, sous les nos 1 à 5, les cinq effets en circulation à payer; puis, sous la date du 1er janvier, nous inscrirons au *journal* les deux articles ayant rapport aux écritures d'inventaire, et tels qu'ils sont présentés pages 18 et 19. — Cela étant ainsi fait, on pourra alors ouvrir les comptes au *grand-livre*, en ayant soin de se conformer aux instructions qui ont été données relativement à la tenue de ce registre, pages 25 et 26.

Ainsi, à chaque compte dénommé ou mis en titre dans les deux articles sus-mentionnés du *journal*, un folio du *grand-livre* sera assigné, et le nom du compte écrit en gros caractères entre les mots Doit et Avoir, en sorte que sur notre modèle de *grand-livre*, le fo 1 sera affecté au *compte-général*, le fo 2 au compte de *caisse*, le fo 2 au compte de *traites et remises*, le fo 3 au compte de *marchandises générales*, etc., etc.; et ainsi de suite, jusqu'au fo 8 où enfin le compte d'*effets à payer* est ouvert comme étant le dernier inscrit au deuxième article de notre modèle de *journal*.

Comme les noms de tous les comptes ouverts au *grand-livre* doivent être inscrits à son répertoire, avec indication de leurs folios respectifs, avant de faire le report des écritures du *journal*, c'est à ce répertoire qu'on a recours pour connaître les nos qu'il faut placer dans les deux petites colonnes *d* et *c* du *journal*, afin d'indiquer le folio du *grand-livre* sur lequel un report doit être fait dans un compte.

Quand ces folios sont ainsi placés dans les susdites colonnes *d* et *c*, c'est alors qu'il faut reporter les écritures du *journal* dans les comptes qui les concernent au *grand-livre*; or, chaque fois, et au fur et à mesure que les écritures et les sommes présentées au journal comme devant figurer dans un compte, — seront inscrites dans le compte ouvert au *grand-livre* sous le même nom, on fera un point à côté du no qui indique au journal le folio du grand-livre sur lequel ledit compte est ouvert. — Puisque ce point signifie qu'un report a été fait du journal au grand-livre, pour s'assurer que les écritures de chaque jour concordent, et qu'aucune omission n'a été faite relativement aux transcriptions effectuées au *grand-livre* à vue du *journal*, on vérifiera dans les colonnes *d* et *c* de ce dernier registre si tous les nos qui y sont inscrits sont suivis d'un point; — au cas négatif, on réparera une omission si effectivement elle avait eu lieu.

Toutes les écritures qui figurent dans notre modèle de *grand-livre* doivent être considérées comme y ayant été reportées à vue de notre modèle de *journal*, et conformément aux prescriptions ci-dessus. — Ceux de nos lecteurs qui enregistreront eux-mêmes sur un *cahier-journal* les opérations que nous donnons pour exemples, et qui en feront les reports sur un deuxième *cahier-grand-livre*, devront donc se conformer strictement aux observations que nous venons de faire.

Remarque. — Le nombre des comptes à ouvrir sur un *grand-livre* n'est déterminé qu'à l'époque d'un inventaire; mais pendant le cours des opérations commerciales d'une maison, ce nombre augmente graduellement ou proportionnellement aux renseignements particuliers qu'il devient nécessaire de prendre relativement aux affaires que l'on se trouve dans le cas de faire avec tel ou tel nouveau client ou autre correspondant, et relativement au besoin d'être fixé sur le résultat de tels ou tels bénéfices, intérêts, escomptes, frais, dépenses, fractions de matériel, etc., etc., non prévus et non présentés d'abord sur les livres, et pour chacun desquels l'ouverture d'un compte particulier serait indispensable.

— Pour simplifier la comptabilité d'une maison de fabrique qui occuperait beaucoup d'ouvriers, au lieu d'ouvrir un compte au *grand livre* à chaque ouvrier, il faut, au contraire, les réunir collectivement dans un seul qu'on désignera par *compte d'ouvriers*, lequel sera représenté dans tous ses détails par un registre spécial dans lequel le compte personnel de chaque ouvrier sera ouvert. — A l'époque fixée pour la *paie ou solde générale* du travail fait par tous ces ouvriers, le compte de chacun sera donc réglé sur le susdit registre, en portant à son avoir la valeur du travail qu'il aura fait, et en inscrivant à son débit les espèces ou autres valeurs qui lui seront données en paiement. Un extrait du compte de chaque ouvrier sera transcrit sur un carnet ou sur une feuille volante pour lui être remis quand la paie aura lieu et au moment où il recevra sa solde, afin qu'il puisse le vérifier et faire ses réclamations en cas d'erreurs ou d'omissions.

Pour passer écritures au journal du travail détaillé au registre affecté spécialement aux *comptes d'ouvriers*, on établira alors une liste ou *feuille de paie* disposée en colonnes, par *doit* et *avoir*, et sur laquelle les noms de tous les ouvriers seront inscrits avec indication, dans les colonnes du débit, des valeurs qui leur seront données en paiement et qui pourraient provenir de différents comptes ouverts au *grand-livre*; — et, dans les colonnes du crédit, de celles formant le montant de leur travail ou autres fournitures devant aussi être classées dans un seul ou plusieurs comptes du *grand-livre*.

A vue de cette liste, on rédigera donc un seul article au *journal* par lequel on débitera le *compte d'ouvriers* — ouvert au *grand-livre*, du montant total de ce qu'ils auront reçu en paiement, — par le crédit du *compte de caisse* et de ceux qui auraient aussi fourni des valeurs; — puis, un deuxième et seul article sera ensuite rédigé, et immédiatement après celui dont nous venons de parler, pour créditer le *compte d'ouvriers* par le débit d'un *compte de fabrication générale* qui, en ce cas, sera ouvert au *grand-livre* et par le débit des autres comptes qui auraient aussi reçu des fournitures ou du travail par les ouvriers collectivement réunis.

— A l'époque d'un inventaire, le compte de fabrication sera un de ceux qui devront être définitivement soldés par le *compte général*.

— Dans une maison de fabrique où il y aurait plusieurs genres de fabrication sur lesquels on désirerait se renseigner spécialement, il faudrait ouvrir un compte particulier au *grand-livre* pour chacune de ces sortes de fabrication, et un compte collectif à tous les ouvriers qui s'en occuperaient spécialement. Alors, pour passer écritures au *journal* du travail fait et des sommes reçues par chaque corps ou caste d'ouvriers, il faudra établir une feuille de paie distincte pour solder le travail fait par les ouvriers occupés dans chaque genre de fabrication.

De la Balance de vérification.

On peut commettre différentes espèces d'erreurs ou d'omissions en reportant les écritures du *journal* dans les comptes ouverts au *grand-livre*; mais, pour les reconnaître et se rendre compte de la situation des affaires d'une maison, il faut avoir recours au moyen de vérification dont nous avons déjà parlé, page 19.

A toute époque fixée, ou en tout moment donné, la balance de vérification peut se faire, moyennant que les écritures soient reportées dans les comptes du *grand-livre*, jusqu'à la date voulue à cet effet.

Pour cela, on ouvrira le *grand-livre*, et du commencement jusqu'à la fin, on fera l'addition des sommes inscrites au débit et au crédit de chaque compte, mais en notant seulement au crayon, dans les colonnes du *grand-livre*, le produit obtenu pour chaque addition ; et alors on établira une liste suivant le modèle que nous donnons ci-après, afin d'indiquer, dans la colonne du débit, le montant respectif des sommes dues par les comptes, et, dans la colonne du crédit, celui des sommes qui leur seront dues.

Quand tous les comptes seront ainsi inscrits sur ladite liste, on aura la preuve évidente que les écritures du *journal* sont fidèlement reportées au *grand-livre* si, en faisant l'addition totale dans la colonne du débit et dans celle du crédit, on obtient de part et d'autre deux produits égaux pour maintenir la balance en équilibre. Dans le cas contraire, c'est-à-dire que, si les totaux n'étaient pas les mêmes, la balance pencherait d'un côté ou de l'autre, et on aurait également la preuve qu'il y a erreur dans les comptes ; de là, la nécessité de pointer les livres pour reconnaître les irrégularités qu'ils renferment, et, par suite, rectifier les erreurs ou omissions commises.

Remarque. — En inscrivant les noms des comptes sur une liste pour faire une balance, il faut bien faire attention qu'il serait inutile d'y faire figurer ceux qui présenteraient une même somme totale au débit et au crédit, puisqu'en pareil cas ils seraient déjà régularisés et balancés ou soldés. — C'est pour cette raison que nous avons dit, au chapitre intitulé *Du Journal*, qu'il n'est pas nécessaire d'additionner la colonne des totaux de ce registre, et de perdre du temps pour cela.

En le faisant, il est vrai que le total présenté par le *journal* à l'époque où l'on procéderait à une balance de vérification, — serait un troisième point de contrôle ; mais alors, pour que ce total puisse servir de contrôle avec la liste ou feuille de balance, il faudrait y inscrire indistinctement les noms de tous les comptes ouverts au *grand-livre*, soldés ou non, et le travail que l'on aurait à faire pour cela se trouverait doublé quand, par exemple, la moitié des comptes seraient déjà balancés au *grand-livre*.

Les teneurs de livres qui additionnent la colonne des totaux du *journal* ne doivent le faire que pour avoir un point de vérification dans le cas où un article serait entièrement omis au *grand-livre*, parce qu'alors, si les noms de tous les comptes ne figuraient pas sur la balance générale de vérification, l'équilibre pourrait avoir lieu, lors même que l'omission d'un ou de plusieurs articles aurait été faite en reportant les écritures du *journal* au *grand-livre*.

Pour obvier à cet inconvénient, et pour éviter une perte inutile de temps quand il s'agit de faire une balance de vérification, — lorsqu'on reporte les écritures du *journal* au *grand-livre*, il faut avoir soin de se conformer exactement aux instructions que nous avons données à ce sujet au chapitre précédent, c'est-à-dire de faire un point à côté des n^os de f^os inscrits dans les colonnes *d* et *c* du *journal*, au fur et à mesure que les articles sont reportés au *grand-livre*.

En procédant de cette manière, on pourra se dispenser d'additionner la colonne des totaux du *journal*, et les comptes qui ne se solderont pas seront les seuls qu'il sera nécessaire de faire figurer sur la *balance générale*, attendu que si, avant de faire ladite balance, on a le soin de s'assurer que tous les reports faits au *grand-livre* sont pointés dans les colonnes *d* et *c* du *journal*, — il n'est pas possible d'admettre qu'un article ait été totalement omis sans qu'on s'en aperçoive.

Pour la bonne règle, il convient de faire la balance générale de vérification à la fin de chaque mois, et d'en conserver la copie sur un cahier ou sur un registre à ce destiné ; car elle procure des renseignements précieux au commerçant, puisqu'en lui présentant la situation de tous les comptes ouverts sur ses livres, il peut facilement se rendre compte de sa propre position, ou être fixé sur l'état de ses affaires.

En ce moment, les comptes qui sont ouverts à notre modèle de *grand-livre* ne renferment encore que des sommes relatives aux écritures d'inventaire, et aucun ne se balance, de telle sorte qu'ils figureront tous sur la liste suivante, que nous donnons maintenant pour modèle, afin de ne pas être obligé d'y revenir plus tard et d'interrompre, pour cela, la succession d'opérations et d'écritures que nous allons présenter comme devant être inscrites, date par date, sur nos modèles de registres.

BALANCE GÉNÉRALE DES COMPTES

AU 1er JANVIER 1857.

FOLIOS du Grand-Livre.	DÉSIGNATION DES COMPTES.	DÉBIT.		CRÉDIT.	
1	Compte général	93,350	»	224,704	15
2	Compte de Caisse.	12,500	»	»	»
2	Traites et Remises	19,185	50	»	»
3	Marchandises générales	130,455	»	»	»
3	Frais généraux	3,795	40	»	»
3	Mobilier	8,348	»	»	»
4	MORNAND et Comp^{ie}, à Paris	35,420	»	»	»
4	BERNARD »	400	»	»	»
4	JOQUAND »	1,500	»	»	»
4	COMARD »	2,600	»	»	»
5	VINCENT à Rouen.	40	»	»	»
5	JUVILLIER à Besançon	30	25	»	»
5	PAULUS à Nantes.	4,800	»	»	»
5	PONET à Marseille	3,200	»	»	»
6	VILLARD à Lille	1,700	»	»	»
5	MOLARD à Orléans	730	»	»	»
6	MOVILLARD à Elbeuf.	»	»	10,206	50
6	BONNARD à Sedan.	»	»	34,520	»
6	DOLFUSS à Mulhouse.	»	»	15,243	50
7	MARTIN à Châlons-sur-Saône.	»	»	6,700	»
7	BOVIN à Bordeaux	»	»	5,200	»
7	La Comp^{ie} des Forges de ***	»	»	1,530	»
7	Les Aciéries de Rives.	»	»	4,800	»
7	MARCHAND, à Paris.	»	»	6,300	»
7	BINET, mon employé	»	»	1,400	»
8	BOUVIER »	»	»	450	»
8	Effets à payer.	»	»	7,000	»
	TOTAUX	318,054	15	318,054	15

EXERCICES PRATIQUES

Sur une série d'opérations notées à la MAIN-COURANTE et supposées faites par la maison MONNEREAU.

Pendant une campagne qui n'aurait duré qu'un mois, au lieu de un an, deux ans, etc., etc. (1)

MAIN-COURANTE.

——— *Du 2 janvier 1857.* ———

Écritures passées au Journal, f° 3.	C.	Déboursé pour étrennes diverses.	70	»		
	C.	Achat de timbres-poste.	30	»	100	»
	C.	Vendu au comptant 4 mèt. drap Elbeuf à 20 fr.	80	»		
	C F.	Ma livraison à Bernard, de Paris, suivant facture n° 1.	2,021	15		
	C F.	» à Joquand, » » n° 2.	290	»		
	C F.	Mon envoi à Vincent, de Rouen, » n° 3.	177	30		
	C F.	» à Juvillier, de Besánçon, » n° 4.	1,505	»		
	C F.	» à Paulus, de Nantes, » n° 5.	90	»	4,163	45

——— *3 janvier 1857.* ———

Écritures passées au Journal, f° 3.		Comard, de Paris, me règle ce qu'il me doit en me remettant manuellement ce qui suit :				
	T R.	N° 13. Un effet sur Paris, au 4 courant.	1,000	»		
	T R.	N° 14. » Rouen, 10 »	998	»		
	C.	En espèces.	600	»		
		Pour appoint, j'accepte un rabais de.	2	»	2,600	»

——— *4 janvier.* ———

Écritures passées au Journal, f° 3.	C.	Encaissé un effet n° 13.			1,000	»
		Reçu de Dolfuss, de Mulhouse, un envoi de toile reconnu conforme à sa facture du 2 courant.			500	»
		Reçu de la Compagnie des Forges son envoi de 1 botte fer en barres, reconnu conforme à sa facture du 31 décembre.			82	50
	C.	Payé pour transport de toile, suivant lettre de voiture de M. Dolfuss, de Mulhouse, du 2 courant.	10	25		
	C.	Payé pour transport de fer, suivant lettre de voiture de la Compagnie des Forges, du 31 décembre.	7	40	17	65

Nota. — Pour mieux faire comprendre la manière dont les notes doivent être prises sur la *Main-courante*, nous avons placé la lettre C devant les opérations qui doivent concorder avec les inscriptions faites au livre de *Caisse ;*

Les Lettres C F devant les inscriptions des ventes copiées au livre de *Factures envoyées ;*

Les Lettres T R devant les effets formés et reçus qui doivent être copiées au livre des *Traites et Remises* avant de les noter à la *Main-Courante*, ou avant de les mettre en *portefeuille ;*

Les Lettres E P devant les effets à payer souscrits par M. Monnereau, et ceux fournis sur lui par ses correspondants et dont l'enregistrement doit être fait au *Copie d'Effets à payer ;*

Quant aux opérations qui ne sont précédées d'aucun signe, ce sont celles qui sont notées directement à la Main-Courante, à vue des lettres reçues, des lettres envoyées ou *Copie de Lettres*, ou celles qui ne se rattachent à aucun autre livre auxiliaire.

---

(1) Pour se représenter convenablement ces opérations et pour saisir l'esprit de la rédaction des écritures, le lecteur doit se figurer qu'il possède lui-même la maison *Monnereau* et qu'il en tient la place, pour parler, comme celui-ci, dans tous les livres et dans tous les comptes.

Main-Courante — (Suite.)

————— 5 janvier 1857. —————

Journal, P. 4.

T R.   Suivant ma lettre de ce jour à Ponet, de Marseille, je fournis sur lui mon mandat n° 15, à mon ordre, payable au 20 courant, pour solde de ce qu'il me doit. . . . . 3,200 »

T R.   Id., à Molard, d'Orléans, fourni sur lui mon mandat n° 16, à mon ordre, au 20 courant. . . . . 730 »   3,930 »

————— 6 janvier 1857. —————

Journal, P. 4.

Par ma lettre de ce jour, je remets à Movillard, d'Elbeuf :

N° 14. Un effet sur Rouen, au 10 courant. . . . . 998 »

N° 1.   »   » au 15 » . . . . 5,000 »

E P.   N° 6. Mon billet souscrit à son ordre à l'échéance du 10 courant. . . 4,208 50   10,206 50

————— 8 janvier 1857. —————

Journal, P. 4.

Par leur lettre du 7 courant, MM. Monnand et Cie, de Paris, me retournent mon mandat sur Villard, de Lille, impayé au 31 décembre, montant avec frais à la somme de. 3,410 50

Plus le port de la lettre de MM. Monnand. . . . . » 20   3,410 70

————— 9 Janvier 1857. —————

Écritures passées au Journal, P. 4 et 5.

—— Par ma lettre de ce jour, j'écris à Villard, de Lille, qu'il me doit la somme de 3,410 70 capital et frais compris, pour mon mandat sur lui qu'il n'a pas payé au 31 décembre, et qu'à cette somme j'ajoute pour intérêts 5 % pendant 20 jours 9 45

Ensemble. 3,420 15

pour solde desquels je lui donne avis que je forme sur lui un nouveau mandat de pareille somme, payable au 20 courant, à l'ordre de M. Dolfuss, de Mulhouse, à qui je l'envoie par ce courrier.

—— De plus, Villard, de Lille, est débité chez moi de. . . . . . 1,700 »   Valeur 1er C.

auxquels j'ajoute pour intérêts 5 % pendant 25 jours. 5 90

Ce qui produit la somme de. 1,705 90

dont, pour solde, il est avisé par ma susdite lettre que je forme sur lui un deuxième mandat de même somme, à l'ordre de M. Martin, payable au 25 courant.

—— Pour solder ce que je lui dois, je remets à Martin, de Châlon-sur-Saône, suivant ma lettre de ce jour :

Mon mandat, à son ordre, au 25 courant, sur Villard, de Lille. . . 1,705 90

N° 2. Ma remise sur Paris, 15 » 345 50

N° 4.   »   » Lyon, 25 » . . . . 250 »

E P.   N° 7. Mon billet, à son ordre, au 15 courant. . . . . . . 4,398 »

Pour appoint, je lui fais un rabais de. . . . . » 60   6,700 »

————— 10 Janvier 1857. —————

Journal, P. 5.

C.   Payé mon billet n° 6, ord/ Movillard, échu ce jour. 4,208 50

C.   Reçu pour vente au comptant de 10 mètres drap Elbeuf à. . . . . 20 »   200 »

C.   »   »   20 » » Sedan à. . . . . 15 »   300 »

C.   »   »   30 » étoffes diverses à. . . . . 6 »   180 »

C.   »   »   20 litres de vin à. . . . . . . 1 »   20 »

C.   »   »   10 » à. 1 25   12 50

C.   »   d'une table-comptoir (mobilier). . . . . 170 »

Main-Courante — (Suite.)

————— *11 janvier 1857.* —————

Écritures passées au Journal, fᵒˢ 5 et 6.

——— Remis par ma lettre de ce jour à Mornand et Cⁱᵉ :
N° 3. Un effet s/ Lyon, au 20 courant. . . . . 3,400 »
N° 15.   »   Marseille, 20   » . . . . 3,200 »
N° 16.   »   Orléans,   20   » . . . . 730 »
N° 5.   »   Amiens,   25   » . . . . 860 »
N° 9.   »   Strasbourg, 15 février. . . . . 3,830 » | 12,020 »

——— A Dolfuss, de Mulhouse, par ce même courrier :
Mon mandat, à son ordre, sur Mornand et Cⁱᵉ, au 20 courant. . . . 5,000 »
N° 7. Un effet sur Versailles, au 31 courant. . . . . . . 750 »
C. Un billet de banque. . . . . 1,000 » | 6,750 »

——— J'adresse en outre une lettre à Bonnand, de Sedan, par laquelle je lui remets :
Mon mandat, à son ordre, au 20 courant, s/ Mornand et Cⁱᵉ. . . . . 5,000 »
   »   »   31   »   » . . . . 4,520 »
E P. N° 8. Plus, mon ordre de tirer sur moi un mandat au 25 courant. . . 2,000 » | 11,520 »

————— *12 Janvier 1857.* —————

Écritures passées au Journal, fᵒˢ 6 et 7.

Ayant besoin d'argent, je fais escompter les valeurs suivantes, par le *Comptoir National* :
N° 6. Un effet sur Lille, au 31 courant . . . . 140 »
N° 8.   »   » Nantes, au 10 février. . . . . 2,500 »
N° 11.   »   » Bordeaux, 1ᵉʳ mars. . . . . 1,560 » | 4,200 »

C. Pour solde du bordereau ci-dessus, je reçois en espèces. 4,163 25
Et on me fait une retenue de. 36 75
pour escompte 6 °/₀ par an, pertes de places et commission . . . . . . | 4,200 »

C. Payé, pour transport de draps, le montant de deux lettres de voiture (1 de Movillard et 1 de Bonnard). 23 70
C. Remis en espèces à Binet, mon employé. . . . . 350 »
C.   »   à Bouvier,   » . . . . 100 » | 473 70

C. Vendu au comptant 30 kil. acier, à 1 fr. 85 c. le kil. 55 50
C F. Comard, de Paris, doit, pour ma livraison suivant facture n° 6. . . . 8,050 »
C F. Ponet, à Marseille, pour mon envoi   »   n° 7. . . . 4,450 »
C F. Molard, à Orléans,   »   »   n° 8. . . . 310 »
C F. Bonzon, à Bruxelles,   »   »   n° 9. . . . 6,191 50 | 19,057 »

——— Reçu de Movillard, d'Elbeuf, son envoi de drap reconnu conforme à sa facture du 8 courant. . . . . 2,250 »
——— Id. de Bonnard, à Sedan, son envoi de drap conforme à sa facture du 6 courant. . . . . 1,800 » | 4,050 »

————— *15 Janvier 1857.* —————

Écritures passées au Journal, fᵒ 7.

C. Remis à ma ménagère pour entretien de mon ménage. . . . . . . | 250 »
C. Payé à Blaitreau, sa facture du 4 courant, à fournitures de bureau . . 64 50
C.   » à Moulinet,   »   6   » à ficelles et papier d'emballage 20 25
C.   » à Ricchi, fumiste, sa note de réparations du 8 courant. . . . 24 30 | 109 05

C. Payé à Billaut, sa facture du 10 courant, à étoffes pour réassortiment de magasin. . . . . 1,250 »
C. Payé à Richon, sa facture de ce jour à 60 mètres, drap de Suède, à 30 fr. 1,800 » | 3,050 »

Acheté et payé au comptant un canapé pour mon bureau, suivant facture de Huteau. | 80 »

Main-Courante — (Suite.)

——— *15 Janvier 1857.* ———

C.	Payé mon billet n° 1, ordre Bovin, échu ce jour.	500	»		
C.	» » n° 7, » Martin, »	4,398	»	4,898	»
	Par mes lettres de ce jour, je remets aux Aciéries de Rives, mon mandat à leur ordre, au 25 courant, sur Mornand et Cⁱᵉ, à Paris.	4,800	»		
	à Marchand, de Paris, mon mandat, à son ordre, au 20 courant, sur les mêmes	6,300	»	11,100	»
C.	Bernard, de Paris, me règle ce qu'il me doit en me remettant en espèces.	2,000	»		
T R.	N° 17. Un effet sur Sedan au 25 courant.	420	»		
	Pour appoint, il me fait un rabais de.	1	15	2,421	15
C.	Paulus, de Nantes, me remet en billets de banque.	4,000			»
— —	Par ma lettre de ce jour à Bonnard, à Sedan, je lui remets :				
	N° 17. Un effet sur Sedan, au 25 courant.	420	»		
E P.	N° 9. Mon billet, à son ordre, au 10 février.	5,000	»	5,420	»
— —	Après avoir réglé et régularisé le compte de Paulus, de Nantes, il reste débiteur de la somme de.			890	»
	valeur ce jour, que je fais figurer en compte nouveau.				

——— *20 Janvier 1857.* ———

C.	Payé mon billet n° 2, ordre Bonnard, échu ce jour.	2,600	»

——— *25 Janvier 1857.* ———

C.	Acquitté le mandat de Bonnard n° 8, échu ce jour.	2,000	»

——— *51 Janvier 1857.* ———

C.	Payé la traite de Bovin n° 3, échue ce jour.			400	»
	N'ayant reçu aucune réclamation ni observation de la part de Juvillier, de Besançon, Paulus, de Nantes, Ponet, de Marseille, ni de Molard, d'Orléans, relativement aux traites que je leur ai avisées par mes lettres des 2, 2, 12, 12 courant, et qui sont notées sur mon cahier des MANDATS A FOURNIR, *je forme aujourd'hui :*				
T R.	Sur Juvillier, mon mandat n° 18, à mon ordre, daté du 2 courant, payable au 1ᵉʳ avril prochain.	1,535	25		
T R.	Sur Paulus, mon mandat n° 19, à mon ordre, daté du 2 courant, payable au 1ᵉʳ avril prochain.	90	»		
T R.	Sur Ponet, mon mandat n° 20, à mon ordre, daté du 12 courant, à l'échéance du 12 avril prochain.	4,450	»		
T R.	Sur Molard, mon mandat n° 21, à mon ordre, daté du 12 courant, à l'échéance du 12 avril prochain.	310	»	6,385	25
	Désirant être fixé sur les bénéfices réalisés sur toutes les affaires que j'ai traitées depuis mon premier inventaire à ce jour, ma campagne est donc terminée, et je règle tous les comptes particuliers ouverts à mon grand-livre, pour les balancer et les solder par mon COMPTE GÉNÉRAL, *et pour en faire la clôture définitive avant de procéder à la rédaction de mon deuxième inventaire.*				
	Ceux de ces comptes qui restent à régler, sont :				
— —	1° Celui de Binet, mon employé, à qui il revient :				
	Pour ses appointements d'un mois, à 2,400 fr. par an	200	»		
— —	2° Celui de Bouvier, mon employé :				
	Ses appointements d'un mois, à 1,200 fr. par an.	100	»	300	»
— —	3° Celui de Bonnard, à Sedan pour le règlement duquel j'ai dû en établir un extrait				

Main-Courante — (Suite.)

— *13 Janvier 1857.* —

détaillé, tel qu'il est copié sur mon livre de *comptes courants et d'intérêts* (voyez page 108, et suivant lequel il lui revient pour intérêts à 4 %, sur le solde en sa faveur, la somme de. 109 93

4° Celui de la Compagnie des Forges à qui je dois 5 %, d'intérêts pendant 31 jours sur la somme de 1,530 fr. qui figure à son crédit, soit. . . 6 60

5° Celui de MM. Mornand et Cⁱᵉ, mes banquiers, à qui j'en adresse l'extrait détaillé, par ma lettre de ce jour, après en avoir pris copie sur mon livre de *comptes courants et d'intérêts* (voyez page 108). Établi conformément à nos conventions réciproques, ledit extrait indique qu'il faut les créditer de ce qui suit :

Pour pertes de places sur les remises que je leur ai faites sur diverses localités à 1/10, 1/8 et 1/5 de change. 11 95
Pour courtage. 51 30
Pour commission 58 05   121 30   237 83

Par contre, ce même extrait de compte indique en outre que MM. Mornand et Cⁱᵉ doivent être débités pour intérêts 5 %, me revenant, de. 111 90

6° Enfin celui de Vincent, de Rouen, qui doit être débité des intérêts me revenant sur la somme de 217 fr. 30 c, à 5 %, par an pendant un mois, soit de. . . . . » 90   112 80

Tous les comptes particuliers qui sont inscrits sur mon *grand-livre* étant réglés maintenant, je dois, avant de rédiger mon inventaire, solder ceux qui ne sont pas encore balancés et en faire la clôture définitive pour qu'à ce jour mon *compte général* soit le seul qui reste ouvert sur mon susdit *grand-livre.*

Les sommes dues par les comptes qui restent débiteurs aujourd'hui étant considérées comme payées et remises chez moi, mon compte-général sera débité par le crédit des suivants, de la somme totale ci-après apportée chez lui par eux, savoir :

Caisse.	présente pour solde (provisoire) Fr.	6,094 35		
Traites et Remises	» » »	6,935 25		
Marchandises générales.	» » (définitif)	114,245 90		
Frais généraux	» » »	4,304 25		
Mobilier	» » »	8,258 »		
Mornand et Cⁱᵉ, à Paris,	» » (provisoire)	18,400 10		
Joquand, »	» » »	1,790 »		
Comard, »	» » »	8,050 »		
Vincent, à Rouen,	» » »	218 20		
Paulus, à Nantes,	» » »	800 »		
Bonzon, à Bruxelles,	» » »	6,191 50		
Compte de Ménage,	» » (définitif)	250 »	175,537	55

Par contre, le *compte général* sera crédité de tout ce qui est dû aujourd'hui à ceux qui sont créanciers, attendu que, pour les balancer, il remet :

à Movillard, d'Elbeuf, pour solde (provisoire).	F. 2,250 »		
à Bonnard, à Sedan, » »	19,489 93		
à Dolfuss, à Mulhouse, » »	5,573 35		
à Bovin, à Bordeaux, » »	5,200 »		
à la Compagnie des Forges, » »	1,619 10		
à Binet, employé, » »	1,250 »		
à Bouvier, » » »	450 »		
à Effets a payer, » »	8,500 »	44,332	38

Main-Courante — (Suite.)

1er Février 1857.

Deuxième campagne. — Réouverture des comptes particuliers; clôture et réouverture du compte général.

Afin de faire ressortir sur mes livres les bénéfices résultant des affaires que j'ai traitées pendant la campagne précédente, je dois me conformer aux données de mon deuxième inventaire rédigé sous la date de ce jour, pour remettre à nouveau les sommes dues par les comptes qui composent mon *actif*, ainsi que celles revenant aux comptes créanciers qui forment mon *passif*; et, ensuite, pour balancer et clore le *compte général* en le soldant par lui-même.

Suivant cet inventaire qui a été établi tel qu'il est présenté ci-après page 47, à l'effet d'y constater, par un nouvel état estimatif au cours actuel, la valeur totale des marchandises et approvisionnements qui existent ce jour dans mes magasins, celle de mon matériel, mobilier, etc., — le *compte général* sera donc crédité de l'actif du susdit inventaire par le *débit* des comptes suivants que j'ouvre à nouveau, afin de déposer chez eux les valeurs que je dois leur confier pour recommencer de nouvelles affaires, savoir :

C. CAISSE. . . . . . solde remis à nouveau.		6,094	35	
TRAITES ET REMISES. . » »		6,935	25	
MARCHANDISES GÉNÉRALES » »		118,237	25	
FRAIS GÉNÉRAUX. . . » »		3,291	30	
MOBILIER. . . . . » »		8,236	70	
MORNAND ET Cie, *à Paris* » »		18,400	10	
JOQUAND, *à Paris*. . » »		1,790	»	
COMARD, *à Paris*. . » »		8,050	»	
VINCENT, *à Rouen*. . » »		218	20	
PAULUS, *à Nantes*. . » »		800	»	
BONZON, *à Bruxelles*. . » »		6,191	50	178,244 · 65

En opposition, je débite mon *compte général* du montant de mon *passif*, par le crédit respectif des comptes dénommés ci-après, que j'ouvre à nouveau, et qui le constituent comme étant mes créanciers, savoir :

MOVILLARD, *à Elbeuf*, solde lui revenant, remis à nouveau. . . .		2,250	»	
BONNARD, *à Sedan*, » » . . .		19,489	93	
DOLFUSS, *à Mulhouse*, » » . . .		5,573	35	
BOVIN, *à Bordeaux*, » » . . .		5,200	»	
LA COMPAGNIE DES FORGES, » » . . .		1,619	10	
BINET, mon employé, » » . . .		1,250	»	
BOUVIER, » » » . . .		450	»	
EFFETS A PAYER, » » . . .		8,500	»	44,332 · 38

Pour balancer et clore le *compte général* dont le crédit surpasse maintenant le débit de la somme de 133,912 fr. 27 c., j'ajoute cet excédant au débit, afin d'avoir, de part et d'autre, deux totaux égaux pour faire la clôture dudit compte, et ensuite pour faire figurer, à nouveau, à son avoir la somme susdite de . . . . . . 133,912 · 27

2 Février 1857.

NOTA. — Les nouvelles opérations seront inscrites ici de la même manière que celles qui sont présentées au commencement de cette *Main-Courante* à partir du 2 janvier, début de la première campagne.

INVENTAIRE AU Iᵉʳ FÉVRIER 1857

De la Maison de Commerce de M. MONNEREAU, à Paris, rue.......

ACTIF.

CAISSE.

Valeurs effectives en espèces, y existant ce jour.		»	»	6,094	35

Traites et Remises ou Effets en portefeuille.

N° 10	Sur Nevers, au 20 février 1857.	500	»		
12	» Orléans, 15 mars	50	»		
18	» Besançon, 1ᵉʳ avril	1,535	25		
19	» Nantes, 1ᵉʳ »	90	»		
20	» Marseille, 12 »	4,450	»		
21	» Orléans, 12 »	310	»	6,935	25

Débiteurs personnels au Grand Livre, ou Créances à recouvrer.

Chez MORNAND et Compᶦᵉ, à Paris, valeur ce jour.	18,400	10		
» JOQUAND, » »	1,790	»		
» COMARD, » »	8,050	»		
» VINCENT, à Rouen, »	218	20		
» PAULUS, à Nantes, »	800	»		
» BONZON, à Bruxelles, »	6,191	50	35,449	80

Marchandises générales.

Le compte ouvert à mon *grand-livre*, sous ce nom, ne pouvant constater les erreurs, soustractions, avaries, etc., auxquelles l'entrée et la sortie des marchandises sont assujetties dans les magasins, et ne pouvant conséquemment en présenter l'état exact, j'ai dû mesurer, peser et compter ce que je possède en marchandises, et j'ai trouvé dans mes magasins ce qui suit :

456 mètres drap d'Elbeuf, première qualité. . . . . fr. 15 »	6,840	»		
725 » de Sedan, » . . . . 12 »	8,700	»		
300 » de Sedan, qualité supérieure. . . . . . . 15 »	4,500	»		
60 » de Suède, » . . . . 30 »	1,800	»		
150 » toile fine. . . . . 5 »	750	»		
17,909 ᵃ 75ᶜ étoffes diverses. . . . . 5 »	89,548	75		
15ʰ 80ˡ vin de Bourgogne. . . . . 75 »	1,185	»		
46ʰ 90ˡ vin de Bordeaux. . . . . 90 »	4,221	»		
250 kilogrᵉˢ fer en barres. . . . . 55 »	137	50		
370 » acier en barres. . . . . 150 »	555	»	118,237	25

Frais généraux.

Ce compte se trouvant dans des conditions analogues à celui de *marchandises*, j'ai procédé à une estimation nouvelle de mes approvisionnements dont ci-après le détail :

Location.

| Moitié du prix annuel de mon loyer payée à l'avance à mon propriétaire, à titre de garantie. . . . . | 3,000 | » | | |

| | *A reporter.* . . | 3,000 | » | 166,710 | 65 |

Inventaire. — (Suite).

ACTIF.

Approvisionnements divers.

					Reports....	3,000	»	166,716	65
40 kilogrammes	huile pour le service de mon établissement.	. . .	fr. 1 50			60	»		
95 »	chandelles..	. . . .	1 60			152	»		
350 »	bois à brûler.	. . . .	5 »			17	50		
800 »	charbon de terre.	. . . .	3 50			28	»		

Fournitures de bureau.

5 rames papier à lettres.	7 »	35	»	
3 douzaines crayons.	0 60	1	80	
3 grosses de plumes métalliques	1 50	4	50	
8 registres neufs non en usage, ensemble pour.		80	»	
Plus des fournitures diverses, pour.		412	50	

A DÉDUIRE :	3,791	30
Pour un mois de loyer échu dans les appartements que j'occupe à 6,000 fr par an.	500	»

À droite : 3,291 | 30

Compte de ménage.

NÉANT.

Les provisions concernant ce compte se trouvant toutes épuisées aujourd'hui, il ne sera donc pas reproduit sur mes livres comme compte débiteur à l'inventaire ; et, en ce cas, mon *compte général* supportera intégralement la somme de 250 fr. qui figure à son débit.

Mobilier.

2 bureaux avec casiers.	fr. 100 »	200	»	
1 casier pour la correspondance.		80	»	
2 fauteuils.	20 »	40	»	
1 canapé.		80	»	
4 chaises.	4 »	16	»	
1 pendule.		60	»	
1 casier pour les draps.		400	»	
10 casiers pour étoffes diverses.		1,500	»	
Plus divers autres meubles et outils, estimés ensemble à.		5,902	»	
		8,278	»	

Ayant estimé mes meubles et outils aux mêmes prix que ceux indiqués à mon inventaire précédent, je déduis, pour niveler la perte sur leur valeur, un amortissement de 6 pour cent par an, soit pour un mois. 41 | 30 — 8,236 | 70

Montant total de l'Actif.	178,244	65

PASSIF.

Comptes créanciers au Grand-Livre.

MOVILLARD, à Elbeuf, solde lui revenant, valeur ce jour.	2,250	»		
BONNARD, à Sedan	»	»	. . . .	19,489	93	
DOLFUSS, à Mulhouse,	»	»	. . . .	5,573	35	
BOVIN, à Bordeaux,	»	»	. . . .	5,200	»	
La COMPAGNIE DES FORGES,	»	»	. . . .	1,619	10	
BINET, mon employé,	»	»	. . . .	1,250	»	
BOUVIER,	»	»	. . . .	450	»	35,832	38

A reporter.....	35,832	38

Inventaire. — (Suite).

PASSIF.

Report.... | » | » | 35,832 | 38

Effets à payer.

N° 4 Traite de Dolfuss, au 3 février.		2,800	»	
N° 5 Mon billet ordre Bouron, 10 avril.		700	»	
N° 9 » Bonnard, 10 février.		5,000	»	8,500 »
Total du Passif.				44.332	58

RÉCAPITULATION.

ACTIF. — Mon avoir brut se montant à		178,244	65	
PASSIF. — La totalité de mes dettes, à.		44.332	38	
L'excédant ou la différence qui est de.				133,912	27

équivaut à la somme nette que je possède aujourd'hui, laquelle concorde avec le solde figurant, en compte nouveau, au crédit du *Compte général* ouvert à mon *Grand-Livre*.

Certifié sincère et conforme à mes livres.

Paris, le 1er février 1857.

Signé : MONNEREAU.

OBSERVATIONS.

En comparant maintenant ce que M. Monnereau possède actuellement avec ce qu'il avait au commencement de la première campagne, nous voyons que, conformément à l'inventaire ci-dessus, son avoir net est équivalant à la somme de. . . . . 133,912$^{fr.}$ 27$^c.$ et qu'au 1er janvier 1857 il n'était, que de. 131,354 15

La différence qui résulte de cette comparaison étant de. . . . . 2,558$^{fr.}$ 12$^c.$ somme qui représente les bénéfices réalisés par M. Monnereau pendant un mois sur un chiffre d'affaires de 23,932$^{fr.}$ 95$^c.$, on remarque qu'après avoir augmenté de 20 °/₀ le prix coûtant des marchandises qui ont été vendues,— le capital primitif de 131,354$^{fr.}$ 15$^c.$, engagé dans le commerce, aurait rapporté 2,558$^{fr.}$ 12$^c.$ d'intérêts par mois, soit environ 23 °/₀ par an ; et que, déduction faite de la somme de 1,012$^{fr.}$95$^c.$, montant des frais généraux soldés et supportés par le *compte général*, les bénéfices nets sur le chiffre total des ventes se réduiraient au taux de 10 1/2 °/₀.

Mais il faut bien faire attention que ce résultat n'a été obtenu que dans la supposition où M. *Monnereau* n'aurait éprouvé d'autres pertes que celles qui figurent au débit du *compte général* comme rabais, escompte, etc., — car les marchandises qui sont reproduites sur ce deuxième inventaire, forment exactement la différence trouvée en retranchant ce qui a été vendu pendant la campagne — de celles existant au premier inventaire et augmentées des achats faits pendant le même période.

— Ces remarques ont naturellement pour effet de fixer l'attention de notre lecteur sur les réductions plus ou moins considérables que peuvent subir les prix de vente par rapport aux frais généraux et aux pertes que l'on peut éprouver. — Mais comme, à cet égard, il nous est impossible de donner ici, à chaque commerçant, des instructions positives ou efficaces, nous nous bornons aux observations qui précèdent, attendu que les spéculations se font différemment dans chaque genre de commerce et avec des résultats qui ne dépendent non-seulement pas des calculs sur lesquels on s'est basé, mais des conséquences de plus ou moins d'opérations éventuelles.

De la manière d'établir et de calculer les extraits des comptes courants et d'intérêts.

Pour connaître ce que rapporte une somme quelconque pendant une année, lorsqu'elle est placée à intérêts, — il faut multiplier le capital par le taux et diviser par cent le produit obtenu, ce qui a lieu en séparant deux chiffres sur la droite du nombre formant ce produit, ou deux décimales en outre de celles qui pourraient exister au multiplicateur et au multiplicande.

Ce calcul est le résultat d'une *règle de trois simple* qu'en théorie, on établirait comme ci-après, s'il s'agissait, par exemple, de chercher l'intérêt produit par une somme de 425$^{fr.}$ placée pendant un an au taux de 5 $°/_0$: (5 pour cent).

$$\text{Si } 100^{fr.} \text{ en rapportent } 5,$$
$$425 \text{ en produiront } x \text{ (somme inconnue à déterminer.)}$$
$$\text{Ou } 100 : 5 :: 425 : x, \text{ ou } x = \frac{5 \times 425}{100} = 21^{fr.}\,25^{c.} \text{ (somme cherchée.)}$$

Mais, pour calculer l'intérêt d'une somme placée pendant un nombre quelconque de jours, l'opération à faire est plus compliquée, car il faut multiplier le capital par le nombre de jours, diviser par 100 le produit de la multiplication, et le quotient qui résulte de cette division, par :

120, — 102 85, — 90, — 80, — 72, — 65 45, — 60, etc., si le taux de l'intérêt est de :

3 $°/_0$, — 3 1/2 $°/_0$ — 4, — 4 1/2, — 5, — 5 1/2 — 6 $°_0$, etc., et si l'année est comptée à 360 jours.

— Dans un deuxième cas, si 365 jours étaient comptés pour produire le taux de l'intérêt de 100$^{fr.}$, il faudrait diviser le susdit quotient par :

121 66, — 104 28, — 91 25, — 81 11, — 73, — 66 36, — 60 83, etc., si le taux était de :

3 $°/_0$, — 3 1 2, — 4, — 4 1/2, — 5, — 5 1/2, — 6 $°/_0$, etc. — L'exactitude de tout calcul analogue est prouvée par le résultat d'une *règle de trois composée*, et nous en donnons la démonstration de la manière suivante :

EXEMPLE. — Soit à chercher l'intérêt d'une somme de 330$^{fr.}$ placée à 5 $°/_0$ pendant 80 jours, en comptant l'année à 360 jours ;

En théorie, nous dirions :

$$\text{Si } 100^{fr.} \text{ en 360 jours rapportent } 5^{fr.}$$
$$330 \text{ en } 80 \text{ » produiront } x \text{ (somme inconnue.)}$$

Ou 36,000$^{fr.}$ produisant 5 $^{fr.}$ en 1 jour, étant la même chose que 100$^{fr.}$ en 360 jours,

26,400 » x en 1 » seront aussi la même chose que 330$^{fr.}$ en 80 jours,

— Nous pouvons donc établir la proportion qui suit :

$$36,000 : 5 :: 26,400 : x$$
$$\text{Ou } x = \frac{5 \times 26,400}{36,000} = \frac{5 \times 264}{360} = \frac{264}{72} = 3^{fr.}\,66^{c.} \text{ (somme cherchée.)}$$

Pratiquement, pour faire un calcul de ce genre, on opère comme ci-après :

$$\begin{array}{r} 330^{fr.} \\ 80 \text{ jours.} \\ \hline 264,00 \end{array}$$

nombre

$$\begin{array}{r|l} 264 & 72 \text{ — nombre diviseur} \\ 216 & 3,66 \\ \hline 480 & \\ 432 & \\ \hline 480 & \\ 432 & \\ \hline 48 & \end{array}$$

En calculs d'intérêts, quand on a multiplié un capital par des jours, et divisé par 100 le produit de la multiplication, on appelle *nombre* le quotient qui en résulte, et ce *nombre* est alors celui qu'il faut diviser de nouveau par un deuxième *nombre-diviseur* en rapport avec le taux de l'intérêt, pour avoir la somme cherchée.

Ainsi, en nous reportant à l'exemple qui précède, nous voyons que le *nombre* qui représente l'intérêt de la somme de 330$^{fr.}$ pendant 80 jours est 264 et que son diviseur à 5 °/$_0$ est 72 (1).

Conséquemment, si on se trouve dans le cas d'avoir à calculer les intérêts que doivent rapporter chacune des sommes qui peuvent figurer dans un compte, afin de le régulariser et de déterminer la somme qui devra le balancer, — on comprend que, par suite des principes énoncés ci-dessus, les calculs peuvent s'abréger considérablement en utilisant, à cet effet, des méthodes basées sur ces principes.

Ces méthodes consistent à faire l'extrait, exact et détaillé, de toutes les sommes que doit le titulaire d'un *compte personnel ouvert au grand-livre*, et de toutes celles qui lui sont dues, avec indication de l'échéance de chaque somme, du nombre de jours pendant lesquels elle doit rapporter intérêt, et du résultat obtenu après avoir multiplié la somme par les jours, et divisé le produit par 100, résultat qui, comme nous venons de le dire, est ce qu'on appelle *nombre*.

Il y a deux manières d'établir et de calculer ces extraits de comptes : la première se désigne par *méthode ancienne*, et la seconde par *méthode nouvelle*.

Dans la première, ou *ancienne méthode*, les jours pendant lesquels une somme est placée sont comptés à partir de l'échéance de cette somme jusqu'à l'époque du réglement d'un compte, en sorte que si l'on n'est pas fixé sur la date de cette époque, aucun calcul ne peut être fait à l'avance. — En l'utilisant, elle offrirait donc beaucoup d'inconvénients dans les maisons qui ont un grand nombre d'extraits de comptes courants et d'intérêts à remettre à leurs correspondants, puisqu'elle occasionnerait inévitablement un retard proportionné au nombre de ceux que l'on aurait à établir sous une même date, pour en faire la remise. De plus, cette manière de calculer les intérêts présente aussi une complication qui se produit lorsque des valeurs figurent dans un compte avec des échéances postérieures à la date où on doit l'arrêter ; car, en supposant que l'on ait à calculer les intérêts des sommes portées au crédit, on aurait deux sortes de *nombres* à déterminer et à indiquer dans la colonne disposée *ad hoc* sur l'extrait : ceux que l'on aurait calculés pour des échéances antérieures à *l'époque*, y seraient alors inscrits avec de l'encre noire, et les autres, pour les distinguer, avec de la rouge, car ces derniers représentent des intérêts revenant au côté opposé, soit au débit quand ils figurent au crédit, soit au crédit quand ils figurent au débit. — Or, pour établir le solde définitif du compte, il faudrait faire deux balances pour ces nombres, au lieu d'une seule, ou ajouter les *nombres rouges* du crédit aux *noirs* du débit, *et vice versâ*.

Par suite de ces inconvénients et de ces complications, la *nouvelle* méthode doit être adoptée et utilisée de préférence, en raison des avantages qu'elle offre dans certaines maisons de commerce, et surtout dans la banque. Ces avantages sont :

1° Celui de pouvoir calculer, au jour le jour, ou au fur et à mesure que des sommes sont portées en compte, — les *nombres* représentant les intérêts qu'elles devront produire ;

2° Celui de n'avoir communément qu'une sorte de *nombres* à déterminer ; car, à moins qu'un compte n'ait été précédemment arrêté, on peut toujours choisir une *époque* antérieure à toutes les échéances et compter les jours depuis la date de cette époque. — Cependant, si un extrait de compte avait déjà été remis à un correspondant, pour lui en établir postérieurement un deuxième, on devra toujours se reporter à la date du dernier réglement, et compter les jours de placement des sommes depuis cette date qui, alors, sera désignée comme *époque* à partir de laquelle les sommes devront rapporter intérêt, jusqu'à leurs échéances respectives.

Dans ce cas seulement, il arrive parfois que des échéances sont antérieures à *l'époque*, et que le

---

(1) En pratique, pour connaître promptement le *chiffre-diviseur* des *nombres* représentant les intérêts que l'on a à calculer, on divise la quantité de jours, fixée pour composer l'année, par le taux de l'intérêt : soit une année comptée à 360 jours pour produire un taux de 5 °/$_0$, — le diviseur du *nombre* sera $\frac{360}{5}$ ou 72 ; au taux de 6 °/$_0$, il sera $\frac{360}{6}$ ou 60, etc., etc. — On divisera de même 365 ou 360 jours, par un taux quelconque d'intérêt, pour déterminer le diviseur des *nombres*, quand l'année de placement des capitaux sera ainsi comptée.

calcul des intérêts pour les sommes qui les concernent doit être indiqué par des *nombres rouges* à ajouter aux *noirs* du côté opposé de l'extrait de compte. Mais comme cela ne peut avoir lieu qu'en ce qui concerne des retours de remises impayées, ainsi que nous en donnons un exemple dans l'extrait du compte *Mornand et Cie,* page 109, il s'ensuit que les nombres rouges sont rarement utilisés par cette méthode, et qu'alors les opérations y sont moins compliquées que dans l'autre.

La nouvelle méthode devant donc, par ces motifs, être utilisée de préférence pour calculer des intérêts en comptes courants, — nous donnons, à cet effet, pages 108 et 109, deux modèles d'extraits de comptes établis et remis respectivement par M. *Monnereau* à deux de ses correspondants, et nous les présentons de manière à ce que l'un se solde en sa faveur chez *Mornand et Cie,* et l'autre, par son débit chez *Bonnard,* afin que notre lecteur y trouve des exemples ou un guide pour l'un et pour l'autre cas, lorsqu'il voudra lui-même établir l'extrait d'un compte courant et d'intérêts.

Quand les sommes qui figurent dans un compte ouvert au *grand-livre* n'y ont pas été reportées en détail, ou que leurs échéances n'y sont pas indiquées, c'est au *journal* qu'il faut avoir recours pour en établir l'extrait. — Au moyen des n^{os} placés dans les deux colonnes *f* du *grand-livre,* on trouve de suite les folios dudit journal sur lesquels sont inscrites, — en détail, — toutes les sommes ou valeurs et avec toutes les indications nécessaires pour en faire le relevé sur une liste disposée comme l'un ou l'autre de nos modèles.

Remarque. — Tout d'abord, cette nouvelle méthode peut paraître incompréhensible, parce que, pour chaque somme partielle figurant dans un extrait de compte, les jours sont comptés, en rétrogradant, depuis son échéance jusqu'à une époque antérieure fixée à cet effet. Mais à ce sujet, nous ferons observer que, pour la somme formant la balance des capitaux, les jours de placement sont compris entre la date fixée comme *époque* et celle du réglement de compte; et qu'en conséquence, les différences existant entre les nombres produits par les calculs faits sur les sommes partielles et la somme d'intérêt qu'elles doivent réellement rapporter, se trouvent compensées par les *nombres* résultant de la susdite balance des *capitaux.*

JOURNAL
Nº 1.

MODÈLE DU JOURNAL.

1.   Premier

Le présent Registre contenant   feuillets, destiné par le sieur **MONNEREAU** négociant à **PARIS**, Rue   N°   , pour lui servir de **Livre Journal**, a été coté et paraphé du premier au dernier, par nous   , Juge au Tribunal de Commerce de la Seine séant à Paris, (ou par nous Maire de   , si le commerçant habite une localité où il n'y a pas de Tribunal de Commerce), le trente et un Décembre mil huit cent cinquante-six.

Signature :

Enregistré à Paris
le trente et un Décembre mil
huit cent cinquante-six.
Reçu F...

Janvier 1857.

d	c/l.	n		i	i	l	z		3
1.			Les suivants à Compte Général,						
			Fᶜ 224,704,15, suivant mon inventaire de ce jour :						
2.			Caisse, pour les espèces y existant suivant bordereau........				12,500		
2.			Traites et Remises, pour les effets existant en porte-feuilles						
			suivant détail ci-après :						
		1	sur Rouen au 15 Janvier Courant	Fᶜ	5,000 . „				
		2	„ Paris 15 „		„ 345 . 50				
		3	„ Lyon 20 „		„ 3,400 . „				
		4	„ id. 25 „		„ 250 . „				
		5	„ Amiens 25 „		„ 860 . „				
		6	„ Lille 31 „		„ 140 . „				
		7	„ Versailles 31 „		„ 750 . „				
		8	„ Nantes 10 Février		„ 2,500 . „				
		9	„ Strasbourg 15 „		„ 3,630 . „				
		10	„ Nevers 20 „		„ 500 . „				
		11	„ Bordeaux 1 Mars		„ 1,560 . „				
		12	„ Orléans 15 „		„ 50 . „	19,185	50	
3.			Marchandises Générales,		„				
			Pour celles existant dans mes magasins suivant mon inventaire......				130,455	„	
3.			Frais Généraux,						
			Pour mes approvisionnements divers et Fʳᵉˢ de bureau........				3,795	40	
3.			Mobilier, pour la valeur de mes meubles et outils, suivant						
			mon inventaire de ce jour........				8,348	„	
						À reporter....	174,283	90	

MODÈLE ᴅᴜ **JOURNAL.**

Janvier 1857.

Deuxième — **2.**

d	c	n	i	1	i	Report	2		3	
						Report	174,283	90		
			Les suivants à Compte Général, (suite.)							
4.			Mornaud & Cᵉ „ à Paris solde me revenant, valeur ce jour				35,420	„		
4.			Bernard à id„ id„ „				400	„		
4.			Joquiand „ id„ id„ „				1,500	„		
4.			Comard „ id„ id„ „				2,600	„		
5.			Vincent à Rouen id„ „				40	„		
5.			Juvillier à Besançon id„ „				30	25		
5.			Paulus à Nantes id„ „				4,800	„		
5.			Ponet à Marseille id„ „				3,200	„		
6.			Villard à Lille id„ „				1,700	„		
5.			Molard à Orléans id„ „				730	„	224,704	15
				1						
1.			Compte Général aux Suivants,							
			Fᶜˢ 93,350. „ suivant mon inventaire de ce jour,							
	6.		à Movillard à Elbeuf, solde lui revenant, valeur ce jour				10,206	50		
	6.		à Bonnard à Sédan id„ „				34,520	„		
	6.		à Dolfuss à Mulhouse id„ „				15,243	50		
	7.		à Martin à Châlons ⸀/Saône. id„ „				6,700	„		
	7.		à Bovin a Bordeaux id„ „				5,200	„		
	7.		à la Compagnie des Forges id„ „				1,530	„		
	7.		aux Aciéries de Rives id„ „				4,800	„		
	7.		à Marchand à Paris id„ „				6,300	„		
	7.		à Binet mon employé id„ „				1,400	„		
	8.		à Bouvier id„ id„ „				450	„		
	8.		à Effets à Payer, Pour ceux que je dois payer conformément au détail suivant:							
		1	Mon billet, ordre Movillard, au 15 Court. Fᶜˢ 500. „							
		2	id„ Bonnard au 20 id„ 2,600. „							
		3	une Traite de Bovin au 31 id„ 400. „							
		4	id„ Dolfuss au 3 Février 2800. „							
		5	mon billet, ordre Bouron, au 10 Avril 700. „				7,000		93,350	„

MODÈLE DU JOURNAL.

Janvier 1857.

3.

			— 2 —					
3.	2.		Fcs 100,„ Frais Généraux à Caisse,					
			Mes déboursés pour étrennes diverses ………		70			
			id. id. Achat de timbres-poste ………		30	.	100	„
			— 2 —					
	3.		Fcs 4,163.45. Les Suivants à Marchandises Générales					
2.			Caisse, Reçu pour vente au comptant, 4 mtres drap Elbeuf, 20,„		60	„		
4.			Bernard à Paris, pour ma livraison suivt, facte N°1 ………		2,021	15		
4.			Joquand id. id. N° 2 ………		290	„		
5.			Vincent à Rouen pour mon envoi „ N° 3 ………		177	30		
5.			Juvillier à Besançon id. „ N° 4 ………		1,505	„		
5.			Paulus à Nantes id. „ N° 5 ………		90	„	4,163	45
			— 3 —					
	4.		Les suivants à Comard à Paris					
			Fcs 2600.„ pour son règlement manuel de ce jour					
2.			Traites et Remises					
		13	1 Remise s/ Paris au 4 Courant ……… fr 1,000..					
		14	id. Rouen au 10 id. ……… „ 998.„	1.998	„			
2.			Caisse, sa remise en espèces ………		600	„		
1.			Compte Général, Rabais pour appoint ………		2	„	2,600	„
			— 4 —					
2.	2.		Fcs 1,000.„ Caisse à Traites et Remises					
		13	Pour 1 remise sur Paris, échue ce jour, encaissée ………		„	„	1,000	„
			— 4 —					
3.			Fcs 600,15. Marchandises Générales aux Suivants,					
	6.		à Dolfuss à Mulhouse					
			Pour son envoi de toile, reçu conforme à sa facte du 2 Ct ………		500	„		
	7.		à la Compagnie des Forges					
			Pour son envoi de 1 botte fer, reçu conforme à sa facte du 2 Ct ………		82	50		
	2.		à Caisse,					
			payé pour transport de toile ……… fr 10.25					
			id. id. de fer ……… „ 7.40		17	65	600	15

MODÉLE DU JOURNAL.

Janvier 1857.

Troisième   4.

			————— 5 —————						
2.			F^co 3,930. „ Traites et Remises aux suivants,						
	5.		à Ponet à Marseille, suivant ma lettre de ce jour						
		15	Mon mandat fourni sur lui au 20 Cour^t	3,200	„			
	5.		à Molard à Orléans, suivant ma lettre de ce jour						
		16	Mon mandat sur lui au 20 Cour^t	730	„	3,930	„
			————— 6 —————						
6.			Movillard à Elbeuf aux Suivants:						
			F^co 10,206.50 pour les valeurs que je lui remets par ma lettre de ce jour						
	2.		à Traites et Remises						
		14	s/ Rouen au 10 Janvier .... 998. „					
		1	id. 15 id. .... 5.000. „	5,998	„			
	8.		à Effets à payer						
		6	Mon billet, à son ordre, payable au 10 Cour^t	4,208	50	10,206	50
			————— 8 —————						
6.			F^co 3,410,70, Villard à Lille aux Suivants:						
	4.		à Mornand et Cie à Paris						
			suivant leur lettre du 7 Cour^t						
			Retour de mon mandat impayé, valeur au 30 X^bre	3,410	50			
	3.		à Frais généraux						
			pour port de la lettre de M.M. Mornand, au dit retour	„	20	3,410	70
			————— 9 —————						
6.	1.		F^co 15,35, Villard à Lille à Compte Général						
			Suivant ma lettre de ce jour						
			Intérêts 5% sur f^co 34 0,70, pendant 20 jours	9	45			
			id. 5% „ 1700, „ pendant 25 id.	5	90	15	35
			————— 9 —————						
			Les Suivants aux Suivants:						
6.			Dolfuss à Mulhouse, Remis par ma lettre de ce jour						
			Mon mandat à son ordre, sur Villard de Lille au 20 Cour^t	3,420	15			
7.			Martin à Châlon s/ Saône,						
			Remis ce qui suit par ma lettre de ce jour						
			Mon mandat, à son ordre, sur Villard, au 25 Cour^t f^co 1,705.90					
		2	1 Remise sur Paris, au 15 Cour^t 345.50					
			à Reporter 2,051.40	3,420	15		

MODÈLE DU JOURNAL.

Janvier 1857.

5.

			Les suivants aux suivants. (Suite.) Report	3,420	15		
7.			Martin à Châlon s/ Saône — Report Fcs 2,051.40				
	4		1 remise sur Lyon au 25 Courant — 250. "				
	7		Mon billet, à son ordre, payable au 15 Ct — 4,398. "				
			Rabais, pour appoint .... ".60	6,700	"	10,120	15
6.			à Villard à Lille, avisé par ma lettre de ce jour.				
			Mon mandat, ordre Dolfuss, au 20 Court fcs 3,420,15				
			id. ordre Martin, au 25 Court " 1,705.90	5,126	05		
2.			à Traites et Remises				
	2		1 remise sur Paris, au 15 Ct, passé à Martin fcs 345,50				
	4		1 id. Lyon 25 id. id. id. " 250. "	595	50		
8.			à Effets à payer				
	7		pr mon billet, ordre Martin, au 15 Court	4,398	"		
1.			à Compte Général				
			pour le rabais que je fais à Martin	"	60	10,120	15
			——————— 10 ———————				
8.	2.		Fcs 4208.50, Effets à payer à Caisse				
	6		payé mon billet, ordre Movillard, échu ce jour	"	"	4,208	50
			——————— 10 ———————				
2.			Fcs 882.50. Caisse aux Suivants.				
3.			à Marchandises Générales.				
			pour le produit en espèces des marchandises que j'ai vendues				
			ce jour, au comptant, suivant détail à mon livre de caisse et				
			à la main courante	712	50		
3.			à Compte de Mobilier				
			pour le prix d'une table-comptoir vendue au Comptant	170	"	882	50
			——————— 11 ———————				
4.	2.		Fcs 12,020. " Mornand et Ce à Traites & Remises				
			pour les remises que je leur fais par ma lettre de ce jour, savoir:				
	3		s/ Lyon au 20 Courant	3,400	"		
	15		Marseille, 20 "	3,200	"		
	16		Orléans 20 "	730	"		
	5		Amiens 25 "	860	"		
	9		Strasbourg 15 Février	3,830	"	12,020	"

MODÈLE DU JOURNAL.

Janvier 1857.

Quatrième   **6.**

		— 11. —					
6.		Fᶜᵒ 6750, „ Dollfus à Mulhouse aux Suivants					
		Suivant ma lettre de ce jour					
4.		à Mormand et Cⁱᵉ à Paris					
		Mon mandat sur eux-ci, à son ordre, au 20 Courant		5 000	„		
2.		à Traites et Remises					
	7	Ma remise sur Versailles au 31 Court		750	„		
2.		à Caisse, pour un billet de banque		1.000	„	6 750	„
		— 11. —					
6.		Fᶜᵒ 11,520, „ Bonnard à Sedan aux Suivants					
		Suivant ma lettre de ce jour					
4.		à Mormand et Cⁱᵉ à Paris					
		Mon mandat sur eux-ci, à son ordre, 20ᵉ Court 5.000, „					
		id. id. id. 31 „ 4,520. „		9.520			
8.		à Effets à Payer					
	8	pour l'ordre que je lui donne de fournir sur moi une traite payable au 25ᵉ Courant		2.000	„	11 520	„
		— 12. —					
2.		Fᶜ 4,200, „ Les Suivants à Traites et Remises					
		pour les valeurs suivantes escomptées par le Comptoir national:					
	6	s/ Lille au 31 Courant ..... Fᶜ 140 „					
	8	„ Nantes „ 10 Février ..... 2 500 „					
	11	„ Bordeaux, 1 Mars ..... 1 560 „		4.200	„		
2.		Caisse, reçu en espèces pour le produit net des valeurs ci-dessus détaillées		4.163	25		
1.		Compte Général, pour la retenue de l'escompte au taux de 6 %, ports de places et Cᵐ, suivant bordereau		36	75	4 200	„
		— 12. —					
2.		Fᶜ 473.70 Les Suivants à Caisse					
3.		Marchandises Générales					
		payé pour transport de draps, le montant de 2 lettres de voiture ...		23	70		
7.		Binet, mon employé, ses prélevés en espèces		350	„		
8.		Bouvier, id. id. id.		100	„	473	70

MODÈLE DU JOURNAL.

Janvier 1857.

7.

			— 12 —					
	3.		F 19.057.„ Les suivants à Marchandises Générales					
2.			Caisse, reçu pour vente au compt de 30 K^{mes} acier à F^{cs} 1.85	55	50			
4.			Comard à Paris, pour ma livraison suivant facture N° 6	8050	„			
5.			Jouet a Marseille, pour mon envoi suivant f^{re} N° 7, valeur au 12 Avril	4,450	„			
5.			Molard à Orléans, id, N° 8 id,	310	„			
6.			Bouzon à Bruxelles, id, N° 9 id,	6,191	50	19,057	„
			— 12 —					
	3.		F^{cs} 4,050.„ Marchandises Générales aux suivants:					
		6.	à Mouillard à Elbeuf,					
			pour son envoi de drap reçu conforme à sa f^{re} du 8 Cour^t	2250	„			
		6.	à Bonnard à Sédan,					
			pour son envoi de drap, reçu conforme à sa f^{re} du 6 Cour^t	1800	„	4,050	„
			— 13 —					
	2.		F^{cs} 3489,05 Les suivants à Caisse.					
8.			Compte de Ménage					
			remis à ma ménagère pour entretien de mon ménage	250	„			
3.			Frais Généraux					
			payé à Blaitau, sa fact^{re} à fournitures de bureau ...... F^{cs} 64.50					
			id, à Moulinet, sa fact^{re} à ficelle & papier d'emb^r .... „ 20.25					
			id, à Picchi fumiste, sa note de réparations .... „ 24.30	109	05			
3.			Marchandises Générales					
			payé à Billaut, sa f^{re} à étoffes pour le magasin ...... F^{cs} 1,250. „					
			id, à Richon, sa f^{re} à 30 mètres drap de Sucède ...... 1,800. „	3,050	„			
3.			Compte de Mobilier,					
			payé à Hoitau, sa fact^{re} à un canapé pour mon bureau	80	„	3,489	05
			— 15 —					
8.	2.		F^{cs} 4,898.„ Effets à payer à Caisse					
		1	payé pour mon billet, ordre Bovin, échu ce jour, ...	500	„			
		7	id, id, „ Martin „	4398	„	4,898	„
			— 15 —					
	4.		F^{cs} 11,100.„ Les suivants à Mornand & Cie					
7.			Les Aciéries de Rives, remis par ma lettre de ce jour:					
			mon mandat à leur ord^t sur les premiers, au 25 Courant	4,800				
			à Reporter..	4,800	„		

MODÈLE DU JOURNAL.

Janvier 1857.

Cinquième   8.

Fol.	Fol.					
		Les suivants à Mornand et Cie (suite) Report	4,800	"		
7.		Marchand à Paris, remis par ma lettre de ce jour				
		Mon mandat à son ordre, sur Mornand & Cie au 20 Court.....	6,300	"	11,100	"
		———————— 15 ————————				
		Les Suivants aux Suivants:				
2.		Caisse				
		Reçu en espèces de Bernard, de Paris .... Fcs 2 000. "				
		id. en billets de banque, de Paulus .... " 4 000. "	6,000	"		
2.		Traites & Remises				
	17	un effet sur Sedan au 25 Court, reçu de Bernard	420	"		
1.		Compte général				
		Rabais accordé à Bernard, pr solde	1	15	6,421	15
	4.	à Bernard à Paris				
		son règlement de ce jour suivant détail ci-dessus	2 421	1 5		
	5.	à Paulus à Nantes				
		Sa remise en billets de banque.	4,000	"	6,42	13
		———————— 15 ————————				
6.		Fcs 5420. " Bonnard à Sedan aux Suivants,				
		Suivant ma lettre de ce jour.				
	2.	à Traites et Remises				
	17	pour un effet sur Sedan au 28 Court.	420	"		
	8.	à Effets à payer				
	9	pr mon billet à son ordre au 10 Février	5,000	"	5,420	"
		———————— 15 ————————				
5.	5.	Paulus à Nantes, Compte nouveau, à lui même (compte ancien)				
		Solde pour balance & report à nouveau	"	"	890	"
		———————— 20 ————————				
8.	2.	Effets à payer à Caisse				
	2	payé mon billet ordre Bonnard, échu ce jour			2,600	"
		———————— 25 ————————				
8.	2.	Effets à Payer à Caisse				
	8	payé le mandat de Bonnard, échu ce jour	"	"	2,000	"

MODÈLE DU JOURNAL.

Janvier 1857.

9.

			— 31 —					
8.	2.		F° 400.„ Effets à Payer à Caisse,					
		3	soldé la traite de Bovin, échue ce jour ………	"	"	400	"	
			— 31 —					
2.			F° 6.385,25. Traites et Remises aux Suivants:					
	5.		à Juvillier à Besançon, pour mon mandat sur lui au 1er Avril	1,535	25			
	5.		à Paulus à Nantes, id„ id„ 1er „ ……	90	"			
	5.		à Bonet à Marseille id„ id„ 12 „ ……	4450	"			
	5.		à Molard à Orléans, id„ id„ 12 „ ……	310	"	6 385	25	
			— 31 —					
3.			F° 300.„ Frais Généraux aux Suivants:					
	7.		à Binet, mon employé					
			pour ses appointements du 1er Courant à ce jour à 2,400„ par an	200	"			
	8		à Bouvier id„					
			pour ses appointements du 1er Courant à ce jour à fr. 1,20c„ „ ……	100	"	300	"	
			— 31 —					
1.			F° 237.83. Compte Général aux Suivants:					
	6.		à Bonnard à Sedan, pour intérêts lui revenant suivant					
			l'extrait de son compte courant chez moi, arrêté ce jour, ………	109	93			
	7.		à la Compagnie des Forges					
			pour intérêts 5% lui revenant sur f° 1530.„ du 1 Cour.t à ce jour	6	60			
	4		à Mornand et Cie à Paris, suivant l'extrait de leur Compte					
			courant clos et arrêté chez moi ce jour:					
			pour pertes de placés sur mes remises à ⅛⅙⅕ de change f° 11.93					
			„ Commiss.on ……… „ 51.30					
			„ Courtage ……… 58.05	121	30	237	83	
			— 31 —					
1.			F° 112,80. Les Suivants à Compte Général.					
	4.		Mornand et Cie à Paris, pour intérêts me revenant					
			suivant l'extrait de leur Compte courant, arrêté ce jour	111	90			
	5.		Vincent à Rouen					
			pour intérêts 5% me revenant sur le solde de son compte ……	"	90	112	80	

MODÈLE ʊᴜ JOURNAL.

Janvier 1857.

Sixième   10.

		31				
		Fin de la Campagne. — Balance et Clôture des Comptes particuliers.				
		Apports des Comptes débiteurs au Compte-Général, réglés et soldés par l'article suivant:				
1.		Fᶜᵒ 175,537.55. Compte Général aux Suivants:				
	2.	à Caisse, solde provisoire pour balance	6,094	35		
	2.	à Traites et Remises, id. id.	6,935	25		
	3.	à Marchandises générales, solde définitif pour balance	114,245	90		
	3.	à Frais Généraux. id. id.	4,304	25		
	3.	à Mobilier, id. id.	8,258	″		
	4.	à Mornand et Cⁱᵉ, à Paris, solde provisoire pour balance	13,400	10		
	4.	à Joquand, à Paris id. id.	1,790	″		
	4.	à Comard. à id. id. id.	8,050	″		
	5.	à Vincent, à Rouen id. id.	218	20		
	5.	à Paulus, à Nantes id. id.	800	″		
	6.	à Bouzon, à Bruxelles id. id.	6,191	50		
	8.	à Compte de Ménage, solde définitif id.	250	″	175,537	35
		31				
		Par contre, les Créanciers sont soldés par le Compte-Général, comme suit:				
	1.	Fᶜᵒ 44,332.38. Les suivants à Compte Général				
6.		Movillard à Elbeuf, solde provisoire pour balance	2,250	″		
6.		Bonnard à Sedan id. id.	19,489	93		
6.		Dolfuss à Mulhouse id. id.	5,573	35		
7.		Bovin à Bordeaux id. id.	5,200	″		
7.		à la Compagie des Forges id. id.	1,619	10		
7.		Binet, mon employé id. id.	1,250	″		
8.		Bouvier id. id. id.	450	″		
8.		Effets à Payer id. id.	8,500	″		
					44,332	38

MODÈLE DU JOURNAL.

Février 1857.

11.

Nouvelle Campagne.– Réouverture des Comptes particuliers.
Solde, Clôture et Réouverture du Compte Général.

——— 1 ———

	1.	F^{co} 178.244.65. Les Suivants à Compte Général.					
2.		Caisse, pour le montant des espèces y existant à l'inventaire	6,094	35			
2.		Traites & Remises, pour les effets en Portefeuilles id,,	6,935	25			
3.		Marchandises Géné^{es}, pour les marchandises figurant à l'inven^{te}	118.237	25			
3.		Frais généraux, pour les approvisionnements divers id,,	5,291	30			
3.		Mobilier, pour les meubles outils &c. id,,	8,236	70			
4.		Mormand & Cie à Paris, solde me revenant remis à nouveau valeur ce jour.	18,400	10			
4.		Joquand à id,, id,, id,,	1,790	"			
4.		Comard à id,, id,, id,,	8,050	"			
5.		Vincent à Rouen id,, id,,	318	20			
5.		Paulus à Nantes id,, id,,	800	"			
6.		Bonzon à Bruxelles id,, id,,	6,191	50	178,244	65

——— 1 ———

1.		F^{co} 44.332.38. Compte Général aux Suivants,					
6.		à Movillard à Elbeuf, solde lui revenant valeur ce jour, remis à nouveau	2,250	"			
6.		à Bonnard à Sedan id,, id,,	19,489	93			
6.		à Dolfuss à Mulhouse id,, id,,	5,573	35			
7.		à Bovin à Bordeaux id,, id,,	5,200	"			
7.		à la Compagnie des Forges id,, id,,	1,619	10			
7.		à Binet mon employé id,, id,,	1,250	"			
8.		à Bouvier id. id,, id,,	450	"			
8.		à Effets à payer, pour les effets suivants qui me restent à payer et remis à nouveau ce jour.					
	4	Traite de Dolfuss au 3 Février C^t F^{co} 2,800. "					
	5	Mon billet ordre Bouron, au 10 Avril " 700. "					
	9	id,, id,, Bonnard, au 10 Cour^t " 5,000. "	8,500	"	44,332	38

——— 1 ———

1.	1.	Compte Général (ancien,) à lui même. (Compte nouveau.) Solde à faire figurer au débit de l'ancien Compte, pour le rapporter au crédit du nouveau, après clôture	"	"	133,912	27

——— 2 ———

GRAND-LIVRE.
N.º 1.

MODÈLE DU

1. Doit   Compte

a	m	d	c e	f	s	
1857. Janvier		1	à Divers , montant de mes dettes passives, suivant mon invent.re	2	93,350	"
"	"	3	à Comard à Paris, Rabais accepté sur son réglement …	3	2	"
"	"	12	" Traites & Remises. Cte 6 %, pertes de places suivant Bordereau du C.r N.al	6	36	75
"	"	15	" Bernard à Paris, Rabais à mon préjudice sur son réglement	8	1	15
"	"	31	" Divers , Intérêts comm.on, courtage &.a	9	237	83
"	"	31	id., Apports & soldes des comptes débiteurs à ce jour	10	175,537	55
1857 Février		1	id., Soldes revenant à mes créanciers suiv.t mon invent.re	11	44,332	38
"	"	1	à Compte-nouveau, Solde pour balance & clôture …	11	133,912	27
					447,409	93

Observation. Au premier février 1857, le compte ci-dessous présente un
solde à son crédit de …   133,912 | 27

tandis qu'au 1.er Janvier ce solde n'était que de … { 224.704.15 / 93,350..." }   131,354 | 15

      La différence qui est de …   2,558 | 12

est donc la somme représentant les bénéfices nets réalisés par M.r Monnereau
sur les affaires enregistrées sur ses livres du 1er au 31 Janvier inclusivement
ayant augmenté d'autant son capital primitif qui était de 131,354.15 et
qui par conséquent se trouve maintenant porté à f 133.912.27.

— D'après ce que nous avons dit du Compte Général page 21, si M.r
Monnereau avait un ou plusieurs associés, le solde du Compte ci-dessous au
lieu d'être de F.ce 133.912.27, ne serait que de 2.558.12, représentant les
bénéfices réalisés par la maison à partager entre ses ayant-droit, en
créditant le compte personnel de chacun du montant de sa quote-part
par le débit du Compte-Général; ce qui aurait lieu en rédigeant un quatrième article au Journal sous la date du 1er Février ainsi conçu, si

Général.   Avoir. 1.

a	m	d	c d	e	f	s s	
1857, Janvier		1	chez Divers	pour le montant de l'Actif de mon inventre de ce jour	1	224,704	15
»	»	9	chez Villard à Lille	Intérêts 5 % me revenant pour retard de paiement	4	15	35
»	»	»	» Martin	rabais à mon profit sur mon reglement de ce jour	5	»	60
»	»	31	» Divers	Intérêts me revenant ce jour chez Mornand & Vincent	9	112.	80
»	»	»	» Divers	pour solder mes comptes créanciers à ce jour	10	44,332	38
1857, Février		1	» id»	Montant de l'Actif de mon inventaire de ce jour	11	178.244	65
						447,409	93
1857 Février		1	Par Compte ancien Solde conforme à mon avoir net actuel ou à l'excédant				
»		»	de l'Actif sur le Passif de mon inventaire de ce jour (à nouveau.)			133,912	27

M. Monnereau avait deux associés:

F.ca 2,558.12 Compte Général aux Suivants:

à Notre Sr Jean M. pour sa quote-part de la ½ dans les bénéfices		1,279	06
à id. Charles B. id» du ¼ id»		639	53
à id. Paul G. id du ¼ id»		639	53
Et en portant de cette manière la somme de		2,558	12

au Débit du **Compte Général** ouvert à nouveau au 1er Février, il se trouverait bo lancé pour recommencer de nouvelles affaires.

Nota. Dans le cas où une maison tiendrait essentiellement à avoir deux comptes particuliers et distincts du **Compte-Général**, pour ce qui concerne les escomptes, rabais, pertes ou profits, des comptes ad-hoc pourront être ouverts au **Grand-Livre** mais à la fin de chaque campagne, au moment de rédiger un inventaire, ils seront définitivement soldés par le Compte Général, c, à. d. que rien n'y sera porté à nouveau lors de la réouverture des Comptes particuliers

MODÈLE DU

2. Doit   *Compte de*

Date			Libellé	Fo	Montant	
1857. Janvier	1	à Compte Général, pour la somme existant en caisse ce jour		1	12,500	"
" "	2	à Marchandises Gles, pour vente au comptant de 4 m. drap		3	80	"
" "	3	à Cornard , sa remise en espèces		3	600	"
" "	4	à Traites & Remises, pour un effet, N°. 13, encaissé		3	1,000	
" "	10	à Divers , pour vente au comptant de marchandises &a		5	882	50
" "	12	à Traites & Remes, pour le produit en espèces d'un bordereau escompté		6	4 163	25
" "	"	a Marchses Gles, pour vente au comptant de 30 Kmes acier		7	55	50
" "	15	à Divers , Remises en espèces de Bernard & d. Paulus		8	6 000	
		"			25,281	25
1857. Février	1	à Compte Général , solde en caisse remis à nouveau		11	6,094	35

Traites et

Date			Libellé	Fo	Montant	
1857. Janvier	1	à Compte Général , pour le montant des effets en porte-feuilles ce jour		1	19,185	50
" "	3	à Cornard , pour ses remises sur Paris & Rouen		3	1,998	"
" "	5	" Divers , pour mes mandats sur Ponet & Molard		4	3,930	"
" "	15	" Bernard , sa remise sur Sedan au 25 Court		8	420	"
" "	31	" Divers , pour mes mandats sur divers		9	6,385	25
		"			31,918	75
1857. Février	1	à Compte Général, solde ou montant des effets en porte-feuilles ce jour		11	6,935	25

Caisse — Avoir. 2.

1857. Janvier	2	chez Frais Généraux, payé pour étrennes et timbres-poste	3		100	"
"	"	4	" March.ses G.les , " pour transport de marchandises	3	17	65
"	"	10	" Effets à Payer , soldé mon billet ord.t Movillard, échu ce jour	5	4,908	50
"	"	11	chez Dolfuss à Mulhouse, ma remise en un billet de banque	6	1,000	"
"	"	12	" Divers , pour mes paiments divers de ce jour	6	473	70
"	"	13	" id. , mes divers déboursés de ce jour	7	3,489	05
"	"	17	" Effets à Payer , payé mes billets ordre Bovin & Martin	7	4,898	"
"	"	20	" id. , soldé mon billet ord.t Bonnard, échu ce jour	8	2,600	"
"	"	25	" id. , id. le mandat de Bonnard id.	8	2,000	"
"	"	31	" id. , payé la traite de Bovin échue id.	9	400	"
"	"	"	" Compte Général , soldé ou espèces en Caisse (, pour balance)	10	6,094	35
			"		25,281	25

Remises

1857. Janvier	4	chez Caisse , pour un effet N.° 13, encaissé	3		1,000	"
"	"	6	" Movillard , pour mes remises sur Paris & Rouen	4	3,998	"
"	"	9	" Martin , pour mes remises sur Paris & Lyon	5	595	50
"	"	11	" Mornand & C.ie , pour mes remises sur diverses places	5	12,020	"
"	"	"	Dolfuss , pour ma remise sur Versailles, 31 Court.	6	750	"
"	"	12	Divers , pour un bordereau de remises escomptées par &c.	6	4,200	"
"	"	15	Bonnard , pour ma remise sur Sedan au 25 Court.	8	420	"
"	"	31	Compte Général , solde ou effets en portefeuilles, (pour Balance)	10	6,935	25
			"		31,918	75

MODÈLE DU

3. Doit   *Marchandises*

1857 Janv.	1	à Compte Général, marchandises existant ce jour dans mes magasins suiv.ts	1	130.455	"
" "	4	à Divers ,pour achats et transport des marchandises	3	600	15
" "	12	à Caisse ,pour transport de marchandises	6	23	70
" "	.	à Divers ,pour marchandises reçues de Bonnard & de Morvillard	7	4.050	"
" "	13	à Caisse ,pour marchandises payées à Billaut et à Richon	7	3.050	"
		"		138.178	85
1857					
Février	1	à Compte Général, pour les marchandises figurant à mon invent.re de ce jour	11	118.237	25

Frais

1857 Janv.	1	à Compte Général, approvisionnem.ts divers suivant mon invent.re de ce jour &.c	1	3.795	40
" "	2	" Caisse ,pour étrennes diverses et timbres poste	3	100	"
" "	13	" id. ;payé pour fournitures de bureau ficelle, réparations &.c	7	109	05
" "	31	" Divers ,pour les appointements de mes employés	9	300	"
		"		4.304	45
1857.					
Février	1	à Compte Général, pour les approvisionnements divers, avance sur mon loyer, figurant à mon inventaire de ce jour	11	3.291	30

Compte de

1857 Janv.	1	à Compte Général, pour les meubles, ustensiles &.c portés à mon invent.re	1	8.348	"
" "	13	à Caisse ,pour achat d'un canapé pour mon bureau	7	80	"
		"		8.428	"
1857.					
Février	1	à Compte Général, pour les meubles et outils &c figurant à mon inv.re de ce jour	11	8.236	70

Générales.   Avoir. 3.

1857. Janvier	2	chez Divers	, pour le montant des ventes faites à divers, ce jour	3	4,163	45
„ „	10	„ Caisse	, pour ventes faites au comptant	5	712	50
„ „	12	„ Divers	, pour mes livraisons & envois de ce jour, à divers	7	19,057	„
„ „	31	„ Compte Général, pour le solde définitif du présent compte		10	114,245	90
		„			138,178	85

Nota. D'après l'inventaire du 1er Février, le Compte ci-dessous est débité de f⁰ 118,237.28 et au 31 Janvier, comme pour le clore et le balancer, il a été crédité seulement de f⁰ 114,245.90 il en résulte que les bénéfices faits sur les marchandises vendues sont de F⁰ 3,991.35

Généraux.

1857. Janv.	8	chez Villard à Lille, pour port de lettre concernant un retour		4	„	20
„ „	31	„ Compte Général, pour le solde définitif du présent compte		10	4,304	25
		„			4,304	45

(Ce compte a été balancé au 31 Janvier en portant à son crédit ...... F⁰ 4,304.25 et suivant l'inventaire du 1er Février. les app.⁴⁵ et valeurs qui le concernent se mont.ᵗ à f. 3,291.30 il s'en suit que la différence qui est de .... F⁰ 1,012.95 représente les dépenses faites par la maison tant en consommation d'approvis.ᵗ qu'en frais d'administration. —) (Même observation en ce qui concerne le compte de mobilier relativement à la perte de valeur sur les meubles outils &.⁰)

Mobilier.

1857. Janv.	10	chez Caisse	, pour le produit de la vente d'une table-comptoir	5	170	„
„ „	31	„ Compte Général, pour le solde définitif du présent compte		10	8,258	„
		„			8,428	„

MODÈLE DU

4. Doit — *Mornand & Cie*

Date		N°	Libellé	F°	Montant	
1857. Janv^r	1		à Compte Général, pour le solde me revenant chez eux, valeur ce jour	2	35 420	
"	"	11	à Traites & Remises, pour le montant de mes remises sur diverses places	5	12,020	
"	"	31	à Compte Général, pour intérêts me revenant en Compte C^t	9	111	90
"	"					
			"		47,351	90
1857. Févr^r	1		à Compte Général, soldé me revenant à nouveau, valeur ce jour	11	18 400	10

Bernard

Date		N°	Libellé	F°	Montant	
1857. Janv^r	1		à Compte Général, soldé me revenant chez lui, valeur ce jour	2	400	"
"	"	2	à Marchandises G^{les} pour ma livraison suivant facture N° 1	3	2,021	15
			"		2 421	15

Joquand

Date		N°	Libellé	F°	Montant	
1857. Janv^r	1		à Compte Général, soldé me revenant chez lui, valeur ce jour	2	1,500	
"	"	2	à Marchandises G^{les} pour ma livraison, suivant fact^{re} N° 2	3	290	
			"		1,790	
1857. Février	1		à Compte Général, soldé me revenant à nouveau, valeur ce jour	11	1,790	"

Comard

Date		N°	Libellé	F°	Montant	
1857. Janv^r	1		à Compte Général, soldé me revenant, valeur ce jour	2	2 600	
"	"	12	à Marchandises G^{les} pour ma livraison, suivant fact^{re} N° 6	7	8,050	
			"		10,650	"
1857. Février	1		à Compte Général, soldé me revenant à nouveau, valeur ce jour	11	8,050	"

à Paris.　　　　Avoir. 4.

1857. Janv.	8	chez Villard à Lille, Retour de mon mandat impayé au 30 X.bre	4	3,410	50
"	"	11	" Dolfuss , pour mon mandat ord. celui-ci, sur eux, au 20 Court.	6	5,000	
"	"	"	" Bonnard , p.r mes mandats sur eux, ord. celui-ci, 20 & 31 Court.	6	9,520	
"	"	15	" Les Aciéries , pour mon mandat sur eux, au 25 Court.	7	4,800	
"	"	15	" Marchand . id. . au 20 Court	8	6,300	
"	"	31	" Compte Général, pour pertes de places, courtage, C.on suivant Compte c.t	9	121	30
"	"	"	id. , solde provisoire pour balance & clôture	10	18,400	10
			"		47,551	90

à Paris

1857. Janv.	15	chez Divers , son réglement de ce jour	8	2,421	15
		"			2,421	15

à Paris.

1857. Janv.	31	chez Compte Général, solde provisoire pour balance & clôture	10	1,790	"
		"			1,790	"

à Paris

1857. Janv.	3	chez Divers , son réglement de ce jour	3	2,600	"
"	"	31	" Compte Général, solde provisoire pour balance & clôture	10	8,050	"
		"			10,650	"

MODÈLE DU

5. Doit — *Vincent*

Date			Libellé	Fol.	£	c.
1857, Janv.	1		à Compte Général, solde me revenant, valeur ce jour	2	40	"
	2		à Marchandises G.les, pour mon envoi suivant facture N.º 3	3	177	30
	31		à Compte Général, Intérêts 5 %, me revenant à ce jour	9	"	90
		"			218	20
1857, Février	1		à Compte Général, solde me revenant à nouveau, valeur ce jour	11	218	20

Juvillier

Date			Libellé	Fol.	£	c.
1857, Janv.	1		à Compte Général, solde me revenant valeur ce jour	2	30	25
	2		à Marchandises, pour mon envoi, suivant facture N.º 4	3	1,505	"
		"			1,535	25

Paulus

Date			Libellé	Fol.	£	c.
1857, Janv.	1		à Compte Général, solde me revenant, valeur ce jour	2	4,800	"
	2		à Marchandises G.les, pour mon envoi, suivant facture N.º 5	3	90	"
					4,890	"
1857, Janv.	15		à Compte ancien, solde à nouveau, valeur ce jour	8	890	"
					890	"
1857, Février	1		à Compte Général, solde me revenant, valeur ce jour	11	800	"

Ponet

Date			Libellé	Fol.	£	c.
1857, Janv.	1		à Compte Général, solde me revenant, valeur ce jour	2	3,200	"
" "	12		à Marchandises G.les, pour mon envoi suiv.t fact.e N.º, valeur 12 Avril	7	4,450	"
		"			7,650	"

Molard

Date			Libellé	Fol.	£	c.
1857, Janv.	1		à Compte Général, solde me revenant, valeur ce jour	2	730	"
" "	12		à Marchandises G.les, p.r mon envoi suiv.t facture N.º 8, valeur 12 Avril	7	310	"
		"			1,040	"

Nota. Quand on n'est pas en compte courant et d'intérêts avec quelqu'un, pour reconnaître avec plus de facilité les sommes qui restent à régler ou à balancer dans un compte, il faut souligner à l'encre rouge les folios du Journal dans

à *Rouen.*   *Avoir* 5.

1857. Janv.	31	chez Compte Général, solde provisoire, pour balance, à l'invent⁷⁰	10		218	20
		"			218	20

à *Besançon.*

1857. Janv.	31	chez Traites & Remises, pour mon mandat sur lui au 1ᵉʳ Avril	9		1,535	25
		"			1,535	25

à *Nantes.*

1857. Janv.	15	chez Caisse, sa remise en billets de banque	8		4,000	"
"	15	" Compte nouveau, solde à nouveau, pour balance	8		890	"
		"			4,890	"
1857. Janv.	31	chez Traites & Remises, pᵗ mon mandat sur lui au 1ᵉʳ Avril	9		90	"
"	"	" Compte Général, solde provisoire pour balance & clôture	10		800	"
		"			890	"

à *Marseille.*

1857. Janv.	5	chez Traites & Remises, pour mon mandat sur lui au 20 Court	4		3,200	"
"	31	id. id. au 12 Avril	9		4,450	"
		"			7,650	"

à *Orléans.*

1857. Janv.	5	chez Traites & Remises, pour mon mandat sur lui au 20 Court	4		730	"
"	31	id. id. au 12 Avril	9		310	"
		"			1,040	"

Les colonnes f du débit et du crédit, en regard de celles qui se balancent, comme cela est fait ci-dessous dans les comptes de *Juvillier,* de *Paulus, Ponel* ou de *Molard.*

6. Doit — Villard

1857. Janvier	1	à Compte Général, soldé me revenant valeur ce jour	2	1,700	„
„ „	8	à Divers retour de mon mandat sur lui au 31 X.bre	4	3,410	70
„ „	9	à Compte Général, Intérêt 5% pendant 20 jours sur f.s 3410.70	4	9	45
„ „	„	„ id: id 5% id. 25, „ „ f.s 1700. „	4	5	90
		„		5,126	05

Bonzon

1857. Janv.	12	à Marchdses Générales, pour mon envoi suivt facture N.o 9, valeur 12 Avril	7	6,191	50
1857. Février	1	à Compte Général, soldé me revenant, remis à nouveau	11	6,191	50

Movillard

1857. Janv.	6	à Divers , pour mon règlement de ce jour	4	10,206	50
„ „	31	à Compte Général, soldé provisoire pour balance & clôture	10	2,250	„
		„		12,456	50

Bonnard

1857. Janv.	11	à Divers mes remises par lettre de ce jour	6	11,520	„
„ „	15	à id. , id. id.	8	5,420	„
„ „	31	„ Compte Général soldé provisoire pour balance & clôture	10	19,489	93
		„		36,429	93

Dolfuss

1857. Janv.	9	à Villard à Lille, mon mandat à son ordre sur Villard, au 20 Jours	4	3,420	15
„ „	11	à Divers mes remises par lettre de ce jour	6	6,750	„
„ „	31	à Compte Général, soldé provisoire pour balance & clôture	10	5,573	35
		„		15,743	50

à Lille. — Avoir. 6.

Date			Désignation	Folio		
1857. Janvier	9	chez Dolfuss	, pour mon mandat sur lui, or.d Dolfuss au 20 C.t	5	3,420	15
" "	"	" Martin	. id, id. Martin " 25 "	5	1,705	90
		"			5,126	05

à Bruxelles.

1857. Janv:	31	chez Compte Général, solde provisoire pour balance & clôture	10	6,191	50

à Elbeuf

1857. Janv.	1	chez Compte Général, solde lui revenant, valeur ce jour	2	10,206	50
" "	12	" Marchandises G.les son envoi suivant facture du 8 Court.	7	2,250	
				12,456	50
1857. Février	1	chez Compte Général, solde lui revenant à nouveau, valeur ce jour	11	2,250	"

à Sedan.

1857. Janv.	1	chez Compte Général, solde lui revenant, valeur ce jour	2	34,520	"
" "	12	" Marchandises G.les sa facture du 6 Courant, valeur 6 Mars	7	1,800	"
" "	31	" Compte Général, Intérêts lui revenant suivant c.te court & d'intérêts	9	109	93
				36,429	93
1857. Février	1	chez Compte Général, solde lui revenant à nouveau, valeur ce jour	11	19,489	93

à Mulhouse

1857. Janv.	1	chez Compte Général, solde lui revenant valeur ce jour		15,243	50
" "	4	" Marchandises G.les son envoi suivant facture du 2 Court.		500	"
				15,743	50
1857. Février	1	chez Compte Général, solde lui revenant à nouveau, valeur ce jour	11	5,573	35

MODÈLE DU

7. Doit — Martin

1857. Janvier	9	à Divers	, mon réglement par lettre de ce jour.........	4	6,700	

Bovin

1857. Janv.	31	à Compte Général	, solde provisoire pour balance & clôture	10	5,200	"

La Compagnie

1857. Janv.	31	à C.e Général	, solde provisoire pour balance	10	1,619	10
		"			1,619	10

Les Aciéries

1857. Janv.	15	à Mornand & C.e	, mon mandat sur ceux ci, au 25 Court	7	4 800	"

Marchand

1857. Janv.	15	à Mornand & C.e	, mon mandat à son ordre sur eux, au 20 C.t	8	6,300	"

Binet

1857. Janv.	12	à Caisse	, ses prélevés en espèces .	6	350	"
"	"	31	à Compte Général	, solde provisoire pour balance	10	1,250	"
		"			1 600	"

à Châlon s. Saône.   Avoir. 7.

Date			Libellé	Fol.		
1857. Janvier	1		chez Cᵗᵉ Général , solde lui revenant, valeur ce jour ……	2	6,700	,

à Bordeaux.

Date			Libellé	Fol.		
1857. Janv.	1		chez Cᵗᵉ Général , solde lui revenant. valeur ce jour …	2	5,200	"
1857. Février	1		chez Cᵗᵉ Général , solde lui revenant valeur ce jour ……	11	5,200	„

des Forges.

Date			Libellé	Fol.		
1857. Janv.	1		chez Cᵗᵉ Général , solde lui revenant. valeur ce jour	2	1,530	„
"	"	4	„ Marchandises Gˡᵉˢ „ sa facture du 31 Xᵇʳᵉ valeur 31 Courᵗ …	3	82	50
"	"	31	„ Cᵗᵉ Général Intérêts 5 % lui revenant sur fᵒˢ 1530,„ pendant 31 jˢ	9	6	60
			„		1,619	10
1857. Février	1		chez Cᵗᵉ Général , solde lui revenant à nouveau, valeur ce jour …	11	1,619	10

de Rives.

Date			Libellé	Fol.		
1857. Janv.	1		chez Cᵗᵉ Général , solde leur revenant ce jour ……	2	4,800	„

à Paris.

Date			Libellé	Fol.		
1857. Janv.	1		chez Cᵗᵉ Général , solde lui revenant, valeur ce jour ……	2	6,300	„

employé céans.

Date			Libellé	Fol.		
1857. Janv.	1		chez Compte Général, solde lui revenant ce jour	2	1.400	„
"	"	31	Frais généraux, ses appointements du 1ᵉʳ Cᵗ à ce jour	9	200	„
			„		1 600	„
1857. Février	1		chez Compte Général, solde lui revenant à nouveau	11	1 250	„

MODÈLE DU

8. Doit   *Bouvier*

1857. Janv.	12	à Caisse	, ses prélevés en espèces	6	100	,,
,, ,,	31	à Compte Général, solde provisoire pour balance		10	450	,,
		,,			550	,,

Effets

1857. Janv.	10	à Caisse	, payé mon billet N.º 6, ordre Movillard	5	4,208	50
,, ,,	15	,, id.	, ,, mes billets N.º 1 & 7, ordres Bovin & Martin	7	4,898	,,
,, ,,	20	,, id.	, ,, mon billet N.º 2, ordre Bonnard	8	2,600	
,, ,,	25	,, id.	, ,, le mandat N.º 8, de Bonnard	8	2,000	
,, ,,	31	,, id.	, ,, la traite N.º 3, de Bovin	9	400	
,, ,,	31	,, Cᵗᵉ Général	, solde provisoire pour balance & clôture	10	8,500	
		,,			22,606	50

Compte de

1857. Janv.	13	à Caisse	, payé à ma ménagère	7	250	,,

mon Employé.   Avoir 8.

1857. Janv.	1	chez C.te Général , solde lui revenant ce jour	2	450	"
	31	„ Frais Généraux, ses appointements du 1.er Court. à ce jour	9	100	"
		„		550	"
1857					
Février	1	chez C.te Général, solde lui revenant à nouveau	11	450	"

à Payer.

1857. Janv.	1	chez Compte Gén.l, montant des effets que j'ai à payer	2	7,000	"
„	„	6	„ Mevillard , mon billet à son ordre, payable au 10 Court.	4	4,208	50
„	„	9	„ Martin , id. id. 15 Court.	5	4,398	"
„	„	11	„ Bonnard , mon ordre de tirer sur moi au 25 Court.	6	2,000	"
„	„	15	„ id. , mon billet à son ordre au 10 Février	8	5,000	"
		„		22,606	50
1857					
Février	1	chez Compte Gén.l, solde ou montant des effets à payer, remis à nouveau suiv.t détail à mon Invent.re	11	8,500	"

Ménage.

1857. Janv.	31	chez Compte G.al, solde définitif, pour balance & clôture	10	250	"

RÉPERTOIRE DU GRAND-LIVRE.

A	Aciéries	de Rives (Les)	F°	7.
B	Bernard	à Paris	„	4.
„	Bouzou	„ Bruxelles	„	6.
„	Bonnard	„ Sedan	„	6.
„	Bovin	„ Bordeaux	„	7.
„	Binet	employé	„	7.
„	Bouvier	id.	„	8.
C	Caisse	(Compte de	„	2.
„	Comard	à Paris	„	4.
„	Compagnie	des Forges (La)	„	7.
D	Dolfuss	à Mulhouse	„	6.
E	Effets à payer		„	8.
F	Frais généraux		„	3.
G	Général	(Compte)	„	1.
J	Joquand	à Paris	„	4.
„	Juvillier	„ Besançon	„	5.
M	Marchandises	Générales	„	3.
„	Mobilier	(Compte de)	„	3.
„	Mornand & Cie	à Paris	„	4.
„	Molard	„ Orléans	„	5.
„	Movillard	„ Elbeuf	„	6.
„	Martin	„ Châlon s/ Saône	„	7.
„	Marchand	„ Paris	„	7.
„	Ménage	(Compte de)	„	8.
P	Paulus	à Nantes	„	5.
„	Pouex	„ Marseille	„	5.
T	Traites & Remises	(Compte de)	„	2.
V	Vincent	à Rouen	„	5.
„	Villard	„ Lille	„	6.

A B C D E F G H I J K L M N O P Q R S T U V X Y Z

NOTA. Le modèle ci-dessus fait voir que chaque feuillet d'un Répertoire doit être affecté à chaque lettre alphabétique.

MODÈLE DU COPIE DE LETTRES.

Janvier 1857.

1.

--- 2 ---

N° 1. à Mr Vincent à Rouen,

Conformément à la demande que vous m'avez adressée par votre estimée lettre du 27 Décembre dernier, je vous expédie aujourd'hui, par chemin de fer, petite vitesse, une balle d'acier en barres pesant K^o 100,„ et je vous en souhaite la meilleure réception. — Ci-joint, vous en avez facture s'élevant à F^cs 177,30, que je porte à votre débit, valeur au comptant, à côté de .... „ 40,„ qui forment le solde de votre compte chez moi au 1er Courant .... F^cs 217,30 ensemble, dont veuillez me faire passer le règlement en papier sur Paris à courte échéance. — En attendant, je reste tout^r dévoué à vos ordres, Monsieur, et vous présente mes civilités parfaites. signé Monnereau.

--- 2 ---

N° 2. à Mr Juvillier à Besançon,

J'ai l'honneur de vous remettre ci-joint facture aux draps et étoffes diverses dont vous me faites la demande par votre honorée lettre du 30 écoulé, elle se monte à F^cs 1,505,„ desquels veuillez me reconnaître valeur à 90 jours. A cette somme j'ajoute f^cs 30,25 qui restent à votre débit, et pour me couvrir, je vous prie de prendre note du mandat de F^cs 1535,25 que je fournirai sur vous à l'échéance du 1er Avril prochain, sauf avis contraire de votre part d'ici au 25 C^t, et auquel veuillez réserver bon accueil dans le cas où votre silence m'indiquera que nous sommes d'accord. *

Conformément à ma lettre de voiture, en date de ce jour, les susdites marchandises vous sont acheminées par terre, par le voiturier Gaudin en un colis J R N° 2, pesant K^o 130,„ à raison de f^cs 5, des % K^mes et en dix jours de route. — Dans l'espoir que vous serez satisfait de cet envoi & que vous voudrez bien me continuer la faveur de vos ordres, je reste votre dévoué & vous présente mes civilités empressées. signé Monnereau.

--- 2 ---

N° 3. à Mr Paulus à Nantes,

En exécution de l'ordre que vous avez bien voulu donner à Mr Binet, de ma maison, lors de son passage en votre ville, je vous adresse par chemin de fer

---

* Les mandats que l'on avise pour se couvrir du montant de factures concernant des marchandises qui ne sont pas encore arrivées à destination, ou des sommes sur lesquelles on n'est pas certain d'être d'accord avec le tiré, — ne doivent pas être émis de suite. En pareil cas, il convient de prendre note de ces mandats, sur un cahier conforme au tracé que nous en donnons page 102, afin d'avoir moins d'écritures à faire et d'éviter une perte de timbres, dans le cas où il faudrait modifier des traites ainsi avisées conformément à des réclamations qui seraient ultérieurement faites par les tirés.

MODÈLE DU COPIE DE LETTRES.

Janvier 1857.

2.

Paulus à Nantes,

petite vitesse, une barrique vin de Bourgogne, P.S. N° 3, K° 120, de laquelle je vous souhaite bonne réception et toute satisfaction. D'autrepart, vous en trouverez facture s'élevant à F° 90, desquels veuillez me reconnaître valeur à 90 jours, et prendre note du mandat de pareille somme que pour solde, je fournirai sur vous à l'échéance du 1 Avril prochain, en vous priant de l'accueillir favorablement lorsqu'il vous sera présenté. Quant à la somme de F° 4,800, que vous me devez pour solde de mes précédents envois, je prends la liberté de vous faire observer qu'elle est échue et qu'il me serait agréable d'en recevoir le règlement en papier sur Paris, ou en espèces, d'ici au 20 Courant. Agréez, Monsieur &c.

5

4.
9/6

à Mr. Ponet à Marseille,

Il figure au débit de votre compte chez moi une somme de ＿＿＿＿＿＿
F° 3,200, échue, et vu le retard que vous mettez à m'en envoyer le règlement, je dois vous rappeler que mes conditions de vente ne me permettent pas de rester à découvert plus longtemps & je vous donne avis que pour solde de la susdite somme, je fournis sur vous mon mandat de ＿＿＿＿＿＿
F° 3,200, à mon ordre, payable au 20 Courant, duquel veuillez prendre bonne note pour y faire honneur à cette époque & par mon débit.
Agréez, Monsieur, mes civilités sincères. signé, Mouvereau.

5

5.
9/6

à Mr. Molard à Orléans,

Occupé de la régularisation de mes écritures, je trouve au débit de votre compte une somme de F° 730, formant le solde en ma faveur sur les affaires traitées entre nous pendant le courant de l'année dernière.
Pour balancer cette somme, veuillez prendre note du mandat de pareille importance que je fournis sur vous, à mon ordre, à l'échéance du 20 Courant, en vous priant de le solder lorsqu'à cette époque il vous sera présenté & qu'ainsi tout honneur soit fait à ma signature.
Je saisis cette occasion pour vous rappeler que je reste entièrement à votre service et que mes meilleurs soins seront constamment apportés à l'exécution de vos nouveaux ordres.
En attendant, je vous salue sincèrement. signé, Mouvereau.

Observation. Les mandats tels que ceux annoncés à Ponet et à Molard peuvent être formés de suite puisqu'en pareil cas il n'y a pas de doute qu'on ne soit d'accord avec les tirés.

Janvier 1857

3.

6 à Mr Movillard à Elbeuf,

Je vous dois une somme de Frs 10,206.50

Pour vous couvrir je vous remets sous ce pli

No 14, s/ Rouen au 10 Janvier C.te Frs 998, „

No 1, Paris 15 id, „ „ 5,000, „

No 6, mon billet 10 id, „ „ 4,208,50

Ensemble Frs 10,206,50, desquels veuillez me créditer

pour solde de mon compte avec vous jusqu'à ce jour.

Je vous prie de m'expédier par voie ordinaire, & dans le plus bref délai

possible 150 mètres drap, q.té sup.re à frs 15.

En attendant votre avis d'envoi & accusé de réception des remises ci-jointes,

je vous présente mes civilités sincères. Monnereau

---

7. à Mr Villard à Lille.

A ma grande surprise, le mandat de

Frs 3,400, „ que j'avais fourni sur vous à l'échéance du 30 Décembre dernier

vient de m'être retourné avec

„ 10.70 frais de protêt et ports de lettres auxquels j'ajoute

„ 9.45 pour intérêts à 5% me revenant sur cette somme pendant vingt jours,

ce qui produit à votre débit une somme de

Frs 3,420,15 de laquelle je dispose en fournissant sur vous un nouveau mandat de

pareille somme payable au 20 Courant à l'ordre de Mrs Dolfuss de Mulhouse.

Veuillez prendre bonne note de cette nouvelle disposition & vous mettre en me-

sure de faire honneur à ma signature qui ne peut et ne doit point rester en

souffrance.

Indépendamment de cette somme, vous me devez encore

Frs 1,700, „ valeur au 1er Courant qui avec

„ 5,90 pour intérêts 5%, comme retard de paiement, forment

Frs 1,705,90 desquels je me couvre en formant sur vous une autre traite de pareille

somme, à l'échéance du 25 Courant, à l'ordre de Mrs Martin, de Châlon s/ Saône,

et de laquelle je vous prie de prendre note, pour la payer à la dite époque par mon

débit & pour solde de tout compte entre nous jusqu'à ce jour.

J'ai l'honneur de vous saluer, signé Monnereau.

MODÈLE DU COPIE DE LETTRES.

4.

Janvier 1857.

— 9 —

N° 8 — à M.ᵉ Dolfuss à Mulhouse

²⁄₅   J'ai l'honneur de vous accuser réception de votre honorée lettre du
2 Courant qui me remet facture montant à
Fᵉ 500, „ dont votre compte est reconnu de conformité.
    Par contre, je vous remets ci-joint
Fᵉ 3.420.15, sur Lille, au 20 Courant, que je vous prie de noter à mon
crédit. Agréez Monsieur, l'assurance de ma parfaite considération
                                        Pour Monnereau,
                                        signé Binet.

— 9 —

„ 9 — à M.ᵉ Martin à Châlon s/ Saône,

⁹⁄₁   Votre compte chez moi présente un solde en votre faveur de
Fᵉ 6,700, „ que je vous règle comme suit.
Fᵉ 1,705,30 en ma traite sur Villard, de Lille, au 25 C.ᵗ. à votre ordre.
„   345,50 N.° 2 sur Paris au 15 Courant
„   250, „ N.° 4 „ Lyon „ 25 id,,
„ 4,398, „ N.° 7 mon billet à votre ordre, 15 Court,
„   „ 60 Diminution pour appoint
Fᵉ 6,700. „ ensemble à votre débit, desquels je vous prie de m'accuser réception pour solde, à ce jour, de mon compte avec vous.
    Recevez, Monsieur, mes salutations sincères, signé : Monnereau.

— 11 —

„ 10 — à M. M. Mormand et C.ⁱᵉ à Paris.

⁹⁄₇   J'ai bien reçu votre estimée lettre du 7 Courant avec
Fᵉ 3,410,50 capital & frais compris pour ma remise sur Lille au 30 X.ᵇʳᵉ
dernier que vous me retournez, impayée et dont votre compte à été débité
valeur à la dite époque.
    Sous ce pli je vous remets.
Fᵉ 3,400. „ N.° 3 s/ Lyon au 20 Courant
„ 3,200, „ N.° 15 „ Marseille, 20 id,
„   730, „ N.° 16 „ Orléans „ 20 id,
„   860. „ N.° 5 „ Amiens „ 25 id,
„ 3,830, „ N.° 9 „ Strasbourg 15 id,
Fᵉ 12.020. „ ensemble dont veuillez faire opérer le entrée par mon crédit.

MODÈLE DU COPIE DE LETTRES.

Janvier 1857.

à Mornand et Cie (suite.)

Par contre je vous prie de prendre note des dispositions suivantes que je forme sur votre caisse savoir:—

Frs 5.000, mon mandat, ordre Dolfuss payable au 20 Courant

" 5.000, " id, " Bonnard id, id, id,

" 4.520, " id, " id, id, 31 id,

Frs 14.520, " ensemble dont vous êtes reconnus, sous la réserve que le paiement en sera effectué pour mon compte aux échéances sus mentionnées.—

Agréez, Messieurs, mes civilités empressées. signé: Monnereau.

11

11. à Mr. Dolfuss à Mulhouse.

Sous confirmation de ma lettre du 9 Courant qui vous portait:—

Frs 3.420.15 en une remise sur Lille au 20 Courant, je vous adresse de nouveau, sous les plis de celle-ci:—

Frs 5.030, et Mr. Mr. Mornand & Cie à Paris, au 20 Courant

" 750, Mr. I remise s/ Versailles, au 31 Court,

" 1.000, en un billet de Banque,

Frs 6.750, " ensemble à ajouter à mon crédit avec prière de m'accuser réception du tout par retour du courrier.— En attendant le plaisir de vous faire de nouvelles remises, j'ai l'honneur de vous présenter mes civilités sincères.

signé: Monnereau

11

12. à Mr. Bonnard à Sedan.

J'ai reçu et reconnu conforme à votre facture du 6 Courant l'envoi que vous m'avez fait le même jour, et j'ai crédité votre compte de ______

Frs 1.800, pour son montant valeur au 6 Mars prochain.

Avec la présente, je vous envoie:—

Frs 5.000, en mon mandat, à votre ordre, au 20 Cte s/ Mornand & Cie, d'ici.

" 4.520, " id, " id " 31 " id,

Et, en outre, je vous prie de disposer sur moi de ______

" 2.000, en votre traite de pareille somme à l'échéance du 25 Ct.

Frs 11.520, " ensemble, desquels veuillez reconnaître mon compte valeur aux échéances ci-dessus indiquées. Sous peu j'aurai le plaisir de vous faire de nouvelles remises et en attendant je vous présente mes civilités empressées.

signé: Monnereau.

MODÈLE DU COPIE DE LETTRES.

6.

Janvier 1857.

_______ 12 _______

13. | à Mr. Ponex   à   Marseille.

*/ Votre honorée lettre du 7 Courant m'est bien parvenue et conformé-
ment à la demande qu'elle me transmet, je vous achemine par voie de
fer, petite vitesse, 2 ballots **PT** N₀ 4 & 5 K₀ 390, renfermant les marchandises
dont vous avez facture s'élevant à _______
Fᶜˢ 4.450, „ desquels je vous réclame crédit, valeur à 90 jours.

Pour me couvrir, veuillez prendre note que je fournirai sur vous mon
mandat de pareille somme payable au 12 Avril prochain, auquel je
vous prie de réserver bon accueil. _______

Constamment dévoué à vos ordres, j'ai l'honneur de vous saluer sincèrement
signé: Monnereau

_______ 12 _______

14. | à M. Molard   à   Orléans

*/ D'autrepart, vous trouverez facture aux vins que vous avez bien voulu
me commander par votre estimée lettre du 8 Courant; elle se monte à
Fᶜˢ 310, „ dont votre compte est débité, valeur à 90 jours. _______

Sauf avis contraire de votre part, d'ici au 30 Courant, je vous prie de
prendre note que, pour solde, je fournirai sur vous mon mandat de pareille
somme, payable au 12 Avril prochain, auquel vous voudrez bien faire honneur
par mon débit. _______

Mon envoi se compose des deux barriques dont les marques, les N₀ˢ et le
poids vous sont indiqués sur ma susdite facture et je vous l'expédie aujourd'hui par chemin de fer petite vitesse, en vous en souhaitant la meilleure
réception. Dans l'attente de vos nouveaux ordres, je vous salue cordialement
signé Monnereau.

_______ 12 _______

15. | à Mr. Bouzou   à   Bruxelles.

*/ Pour satisfaire au désir exprimé par votre lettre du 9 Courant, je vous
envoie par chemin de fer du Nord en petite vitesse, un ballot marqué B N
N₀ 8, pesant K₀ 275, „ accompagné d'une déclaration conforme à vos instructions
et dont ci-joint vous avez le duplicata. D'autrepart, vous trouverez aussi facture
aux marchandises renfermées dans le susdit ballot, se montant à
Fᶜˢ 6.191.50 dont veuillez me créditer, valeur à 90 jours, ou me régler au

Janvier 1857.

7.

à Mr Bouzon à Bruxelles.

comptant sous déduction d'un escompte de 2 % que je ne puis vous accorder qu'à cette dernière condition _______

En vous réitérant l'assurance que mes meilleurs soins sont et seront toujours apportés à l'exécution de vos ordres, je reste votre dévoué et je vous présente mes affectueuses salutations.   signé: Mounereau.

_______ 15 _______

16.
48
à M. M. Mornand & Cie à Paris

Vous confirmant ma précédente lettre du 11 Courant, je viens par celle-ci, vous donner avis qu'en date de ce jour, je fais encore sur votre caisse, les dispositions suivantes:

F^{cs} 4,800, „   en ma traite, ordre les Aciéries de Rives, au 25 Cour^t
    6,300, „   id.   „   Marchand   „ 20 Cour^t
F^{cs} 11,100, „   ensemble que j'inscris à votre crédit sous les réserves d'usage.

Agréez etc.   signé. Mounereau.

_______ 15 _______

17.
9
à M^r le Directeur des Aciéries de Rives

Je vous dois une somme de F^{cs} 4,800, „   que je vous remets en ma traite ci-jointe de pareille somme sur M. M. Mornand & Cie à Paris, payable au 25 Courant, en vous priant de la porter à mon crédit, pour solde de mon compte chez vous. _______

J'ai l'honneur de vous saluer. signé: Mounereau

_______ 15 _______

18.
à Mr Marchand   à Paris

Pour vous couvrir de la somme de _______
F^{cs} 6,300, „   qui figure au crédit de votre compte chez moi, je vous envoie avec la présente mon mandat, à votre ordre, de même importance, sur M. M. Mornand & Cie de notre ville, à l'échéance du 20 Courant & dont après encaissement, vous voudrez bien me créditer pour solde de tout compte entre nous, jusqu'à ce jour — Je vous présente &c.   signé: Mounereau.

_______ 15 _______

19.
19
à Mr Bonnard à Sedan.

J'ai l'honneur de vous confirmer ma lettre du 11 Courant, qui vous portait F^{cs} 11,520, „   en deux remises sur Paris et ordre de tirer sur moi

MODÈLE DU COPIE DE LETTRES.

Janvier 1857.

8.

à Mr Bonnard à Sedan (suite)

Par celle-ci, je vous remets de nouveau.

Frs 420, „ No 17, sur votre ville, au 25 Courant

5,000, „ No 9, mon billet au 10 Février prochain

Frs 5,420, „ ensemble, desquels veuillez aussi créditer mon compte et agréer

mes salutations empressées.   signé: Monnereau.

Modèle d'une lettre copiée à la presse.

21.

7

Messieurs Mornand & Cie à Paris.

Paris, le 31 Janvier 1857.

Messieurs.

Votre lettre du 20 Courant est sous mes yeux;
Elle m'accuse réception des remises que je vous ai faites le 11 Courant
en m'annonçant aussi que mes dispositions du même jour, sur votre
caisse, ainsi que celles du 15 de ce mois, sont prises en note chez vous,
ce qui est bien.

Devant procéder a la rédaction annuelle de mon Inventaire en
date de demain; j'ai clos et arrêté aujourd'hui conformément à nos conventions réciproques, votre compte courant et d'intérêts chez moi, lequel présente
suivant l'extrait que je vous en remets ci-joint,— un solde en ma faveur de
Frs 18,400.10 lesquels je vous débite à nouveau, valeur 1 Février.

Après vérification, veuillez bien me dire, Messieurs, si nous mar-
chons d'accord & recevoir, en attendant, l'assurance de ma parfaite considération.
                                                      H Monnereau.

MODÈLE DE LETTRE COPIÉE A LA PRESSE.

9.

(Recto.)

Monsieur Bonnard à Sedan.

Paris, le 31 Janvier 1857.

Monsieur,

La lettre que vous m'avez adressée en date du 25 Cou.ᵗ m'est bien parvenue, elle n'exige aucune réplique.

Ci joint, je vous remets l'Extrait de votre compte courant arrêté ce jour, qui présente un solde en votre faveur de Fᶜˢ 19,489.93, dont je vous crédite à nouveau, valeur au 1ᵉʳ Février.

Veuillez en faire la vérification et me dire occasionnellement si nous sommes d'accord.

En attendant, je vous présente mes affectueux saluts.

Monnereau

MODÈLE DU COPIE DE LETTRES.
À LA PRESSE.

e. La page ci-dessous étant celle qui doit être appliquée sur une lettre à copier, il en résulte que toute mission n'y sera représentée qu'à l'envers.

Verso.

RÉPERTOIRE DU COPIE DE LETTRES.

A			
Aciéries de Rives	(au Directeur)		F° 7.
B			
Bonnard	à	Sedan	f° 5. 7. 9.
Bonzon	„	Bruxelles	„ 6.
D			
Dolfuss	„	Mulhouse	f° 4. 5.
J			
Juvillier	„	Besançon	f° 1.
M			
Molard	„	Orléans	f° 2. 6.
Movillard	„	Elbeuf	„ 3.
Martin	„	Châlon s/ Saône	„ 4.
Mornand & Cie	„	Paris	„ 4 7. 8.
Marchand	„	id.	„ 7.
P			
Paulus	„	Nantes	f° 1.
Ponet	„	Marseille	„ 2. 6.
V			
Vincent	„	Rouen	f° 1.
Villard	„	Lille	„ 3.

À vue du modèle ci-dessous, on peut aisément se rendre compte de la manière dont les lettres copiées doivent être répertoriées pour en faciliter la recherche en cas de besoin pressant, et pour trouver promptement les renseignements si fréquemment nécessaires pour traiter avec ordre une correspondance. — À cet effet, il faut avoir soin d'indiquer au répertoire après le nom et le domicile de chaque personne à qui une lettre a été envoyée, le N° du F° du Copie de lettre où chaque missive est copiée, et de placer ensuite en marge du copie de lettres, au dessous du N° d'ordre de chaque copie, le N° du Folio renvoyant à la lettre précédemment écrite et à une suivante postérieurement envoyée.

— Pour cela, voyez les lettres à MM. Mornand & Cie ou à M. Bonnard, de Sedan.

— Le N° 0 indique qu'aucune lettre ne précède sur le même registre.

A
B
C
D
E
F
G
H
I
J
K
L
M
N
O
P
Q
R
S
T
U
V
X
Y
Z

MODÈLE DU LIVRE

1. Doit			Recettes.			
1857. Janvier	1	Montant des espèces existant en caisse ce jour		12,500	„
„	„	2	Reçu pour vente au comptant de 4 m. drap	20,„	80	„
„	„	3	Appoint en espèces d'un règlement fait par Comard		600	„
„	„	4	un effet N.o 13, encaissé		1,000	„
„	„	10	vendu argent comptant 10 mètres drap	20,„	200	„
„	„	„	id. 20 id.	15,„	300	„
„	„	„	id. 30 mètres étoffes	6,„	180	„
„	„	„	id. 20 litres vin	1,„	20	„
„	„	„	id. 10 „	1,25	12	50
„	„	„	id. 1 table comptoir du magasin		170	„
„	„	12	Reçu pour 30 K.mes d'acier, vendus au comptant à	1,85	55	50
„	„	„	Produit net en espèces d'un Bordereau de remises escomptés			
„	„	„	ce jour par le Comptoir National		4,163	25
„	„	15	Reçu de Bernard, de Paris		2,000	„
„	„	„	„ 4 billets de banque de Paulus, de Nantes		4,000	„
		„			25,281	25
1857. Février	1	solde en caisse au 31 Janv. remis à nouveau ce jour		3,094	35

Déboursé. — Avoir. 1.

1857. Janvier	2	Payé pour étrennes diverses	70	"
" "	"	" pour achat de timbres-poste	30	"
" "	5	transport de marchandises suiv.t lettre de voiture de M. Dolfuss	10	25
" "	"	id de fr. — lettre de voiture de la Comp.ie des Forges	7	40
" "	10	soldé mon billet, ordre Mouvillard, N.o 6.	4,208	50
" "	11	remis un billet de banque pour être envoyé à M.r Dolfuss	1,000	.
" "	12	soldé la lettre de voiture de M. Mouvillard, p.r transp.t de drap	15	50
" "	"	id " Bonnard id,	8	20
" "	"	Prélevés de Binet, mon employé	350	"
" "	"	id, Bouvier id,	100	..
" "	13	Remis à ma ménagère pour dépenses de ménage	250	"
" "	"	payé à Blaitreau, sa facture à fournitures de bureau	64	50
" "	"	à Moulinet " à ficelle & papier	90	25
" "	"	à Billault " à étoffes de réassortiment	1,250	"
" "	"	à Richon, sa facture à drap de Suède	1,800	"
" "	"	à Picchi, fumiste, sa note de réparations	24	30
" "	"	à Koiteau, sa note à un canapé	80	"
" "	15	soldé mon billet, ordre Bovin, (N.o 1)	500	"
" "	"	id, Martin, (N.o 7)	4,398	"
" "	20	id, Bonnard, (N.o 2)	2,600	"
" "	25	payé le mandat de Bonnard, (N.o 8)	2,000	.
" "	31	" la traite de Bovin, (N.o 3)	400	"
" "	31	soldé en caisse formant balance du présent	6,094	35
" "		"	25,281	25

MODÈLES D'EFFETS COPIÉS AU

MANDAT ou TRAITE

formé par M⁄ Monnereau, sur un de ses clients,
avant de savoir à qui il le négociera, et devant être copié avant d'entrer en Porte-feuilles.

Cet effet est enregistré sous le N°. 1.

MONNEREAU

N°. 4. **Paris**, le 15 Décembre 1856. **B.P.F. 5,000,**

Au quinze Janvier prochain, veuillez payer par ce mandat

à mon ordre ______________________ la somme de

Cinq mille francs

valeur pour solde de ma facture du 14 Courant, & que vous passerez

suivant mon avis de ce jour. Bon pour cinq mille Francs.

A Monsieur Rollin, Nég⁺
  à Rouen   Monnereau

M⁄ Monnereau ayant cédé cette valeur à M⁄⁄ Movillard d'Elbeuf le 6 Janvier 1857,
le mandat ci-dessus a alors été endossé par lui de la manière suivante:

Payez à l'ordre de M⁄⁄ Movillard
Valeur en compte
Paris, le 6 Janvier 1857.
  Monnereau

MANDAT

formé par une personne avec qui M⁄ Monnereau n'a pas de relations et ayant été reçu par lui,
en paiement pour le compte de M⁄ Paulus, de Nantes, son client; qui le lui a cédé par voie d'endoss⁺
Il est enregistré sous le N°. 4.

LECLERC

NEVERS, le 5 Décembre 1856. **B.P.F. 250,**

Au vingt-cinq Janvier prochain, payez par ce mandat

(non acceptable) à l'ordre de M⁄ Miron, la somme de

Deux cent cinquante francs

valeur que passerez suivant ou sans autre avis.

A Monsieur
Chapuis, Nég⁺
  Lyon   Bon pour deux cent cinquante f⁵

N°. 4375   M. 536

MONNEREAU
N°. 4.
A PARIS.

PAULUS
N°. 1857
A NANTES.

Au moment où cet effet a été copié chez M⁄ Monnereau, il était endossé

LIVRE DES TRAITES ET REMISES.

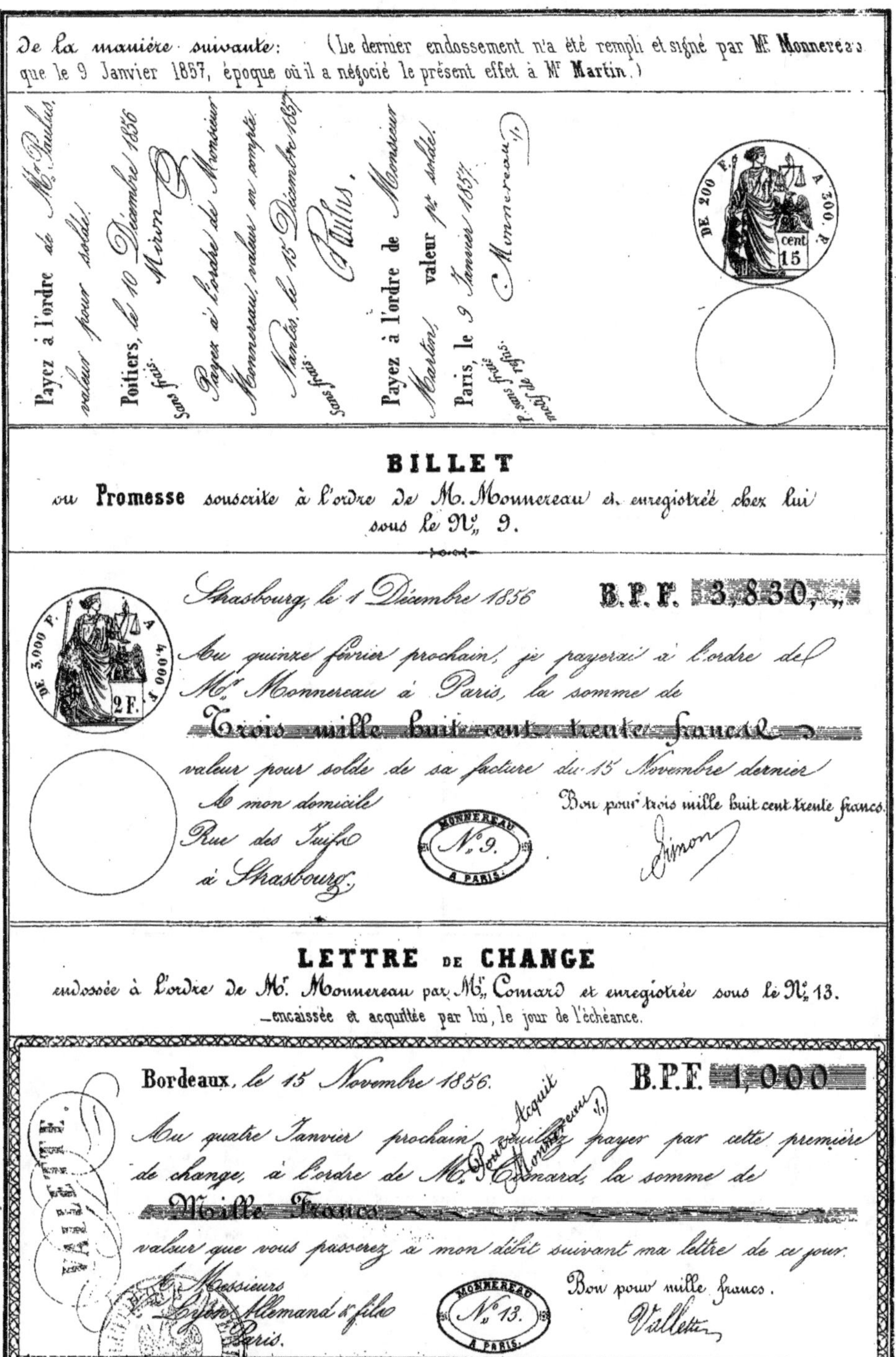

de la manière suivante: (Le dernier endossement n'a été rempli et signé par Mr Monnereau que le 9 Janvier 1857, époque où il a négocié le présent effet à Mr **Martin**.)

Payez à l'ordre de Mr Paulus. valeur pour solde.

Poitiers, le 10 Décembre 1856
Mrim

Payez à l'ordre de Monsieur Monnereau, valeur en compte. Sans frais.

Nantes, le 13 Décembre 1857.
Paulus.

Payez à l'ordre de Monsieur Martin, valeur p.^{té} soldé. sans frais.

Paris, le 9 Janvier 1857.
P. sans frais.
acq^{té} de frais.
Monnereau.

BILLET
ou **Promesse** souscrite à l'ordre de M. Monnereau et enregistrée chez lui sous le N.º 9.

Strasbourg, le 1 Décembre 1856   **B.P.F. 3,830.**

Au quinze février prochain, je payerai à l'ordre de Mr Monnereau à Paris, la somme de

Trois mille huit cent trente francs

valeur pour solde de sa facture du 15 Novembre dernier

A mon domicile   Bon pour trois mille huit cent trente francs.
Rue des Juifs
à Strasbourg.   *Simon*

MONNEREAU
N.º 9.
A PARIS.

LETTRE DE CHANGE
endossée à l'ordre de M^r. Monnereau par M^r. Conrard et enregistrée sous le N.º 13.
—encaissée et acquittée par lui, le jour de l'échéance.

Bordeaux, le 15 Novembre 1856.   **B.P.F. 1,000**

Au quatre Janvier prochain, veuillez payer par cette première de change, à l'ordre de M^r. Conrard, la somme de

Mille Francs

valeur que vous passerez à mon débit suivant ma lettre de ce jour.

A Messieurs   Bon pour mille francs.
Lyon Allemand & fils
Paris.   *Valletter*

MONNEREAU
N.º 13.
A PARIS.

MODÈLE DU COPIE DES EFFETS A RECEVOIR

N°. d'Entr.	Dates d'Entrée.		Noms des Cédants	Lieux d'Emission ou de Création.	Dates de Création.		Noms des Tireurs.	Noms des Tirés ou Cessions
					1856.			
1	1857, Janvier	1	Moi-même pour le tiré	Paris	Décembre	15	Moi-même	Koll...
2	"	"	id„	id„	"	15	id„	Bertrand
3	"	"	Paulus	Nantes	"	18	Paulus	Baudrand
4	"	"	id„	Nevers	"	5	Leclerc	Chapuis
5	"	"	id„	Amiens	"	10	Bortin	Bortin
6	"	"	Villard	Lille	"	12	Villard	Villard
7	"	"	Comard	Paris	"	25	Comard	Maris
8	"	"	id„	Orléans	Novembre	30	Béranger	Alcanin
9	"	"	Simon	Strasbourg	X.bre	1	Simon	Simon
10	"	"	moi-même pour le tiré	Paris	"	31	moi-même	Brunet
11	"	"	id„	id„	"	31	id„	Martin
12	"	"	id„	id„	"	31	id„	Molard
13	"	3	Comard	Bordeaux	Nov.bre	15	Valette	P. Lyon Allemand
14	"	"	id„	Paris	X.bre	15	Comard	Renaud
15	"	5	moi-même pour le tiré	id„	Janvier	5	moi-même	Ponet
16	"	"	id„	id„	"	5	id.	Molard
17	"	15	Bernard	Rheims	X.bre	25	Parnet	Milon
18	"	31	Moi-même pour le tiré	Paris	Janvier	2	moi-même	Tuvillier
19	"	"	id„	id„	"	2	id„	Paulus
20	"	"	id„	id„	"	12	id„	Ponet
21	"	"	id„	id„	"	12	id	Molard
22	1857 Février	1						

Observations. Les effets copiés ci-dessus, non sortis, c. à. d. ceux dont le nom du cessionnaire n'est pas encore indiqué, sont les mêmes que ceux restant en Porte-feuilles au 1.er Février & détaillés N° par N° d'enreg.t, à l'inventaire du même jour. Le montant total de ces effets non sortis concorde et doit toujours concorder, ainsi que nous l'avons déjà dit, avec le solde du Compte des **Traites & Remises** ouvert au Grand-Livre.

ou DES **TRAITES** et **REMISES.**

Places ou Lieux de paiement	Ordres auxquels les Effets sont formés	Nature des Effets	Dates des Échéances		Sommes		SORTIE Dates		Cessionnaires
Rouen	de moi-même	Mandat	Janvier	15	5,000	"	Janv.	6	Movillard
Paris	id.	"	"	15	345	50	"	9	Martin
Lyon	id.	"	"	20	3,400	"	"	11	Mornand & C.
id.	Maison	"	"	25	250	"	Janv.	9	Martin
Amiens	Paulus	Billet	"	25	860	"	"	11	Mornand & C.
Lille	moi-même	id.	"	31	140	"	"	12	le Comptoir Nat.
Versailles	id.	Mandat	"	31	750	"	"	11	Dolfuss
Nantes	Bellart	"	Février	10	2,500	"	"	12	le Comptoir Nat.
Strasbourg	moi-même	Billet	"	15	3,830	"	"	11	Mornand & C.
Nevers	id.	Mandat	"	20	500	"	"	"	
Bordeaux	id.	"	Mars	1	1,560	"	Janv.	12	Le Comptoir Nat.
Orléans	id.	"	"	15	50	"	"	"	
Paris	Comard	lettre de change	Janv.	4	1,000	"	Janv.	4	encaissé
Rouen	id.	Mandat	"	10	998	"	"	6	Movillard
Marseille	moi-même	"	"	20	3,200	"	"	11	Mornand & C.
Orléans	id.	"	"	"	730	"	"	"	id.
Sedan	du tireur	"	"	25	420	"	"	15	Bonnard
Besançon	mon ordre	Mandat	Avril	1	1535	25	"		
Nantes	id.	"	"	1	90	"	"		
Marseille	id.	"	"	12	4450	"	"		
Orléans	id.	"	"	12	310	"	"		

On remarquera en outre que, conformément à ce que nous avons dit dans notre texte, au chapitre concernant la tenue du registre dont ci-dessus le modèle, — les mandats ou traites formées par M. Monnereau sur M. M. Mornand & Cie, ses banquiers, n'ont pas été enregistrées (ci-dessus), puisqu'elles n'ont pas dû entrer au Porte-feuille.

MODÈLE DU LIVRE D'ENREGISTREMENT

N°ˢ d'enreg.ᵗ	SORTIE Dates des billets & des avis de traites		Nature des Effets	Ordres auxquels les effets sont formés.	Dates des Échéances.	
1	1856 Décembre	15	Mon billet	Bovin	1857. Janvier	15
2	"	20	id„	Bonnard	„ id	20
3	.	26	Traite de Bovin	à son ordre	. id„	31
4	,	26	„ „ Dolfuss	Meunier	„ Février	3
5	"	31	mon billet	Bouron	„ Avril	10
6	1857, Janvier	6	id„	Movillard	„ Janvier	10
7	"	9	id„	Martin	„ id„	15
8	"	11	Mandat de Bonnard	suivant mon avis	„ id„	25
9	"	15	mon billet	Bonnard	„ Février	10
10	1857. Février					

NOTA. Les effets non indiqués au modèle ci dessus comme payés, sont ceux qui figurent au Passif de l'inventaire du 1ᵉʳ Février et leur montant total d'ensemble concorde et doit toujours être conforme au solde du compte des **Effets à payer** ouvert au **Grand-Livre**.

MODÈLE d'un BILLET

souscrit par M. Monnereau, à l'ordre de l'un de ses fournisseurs ou autre de ses correspondants.— Cet effet est enregistré ci-dessus sous le N° 6.

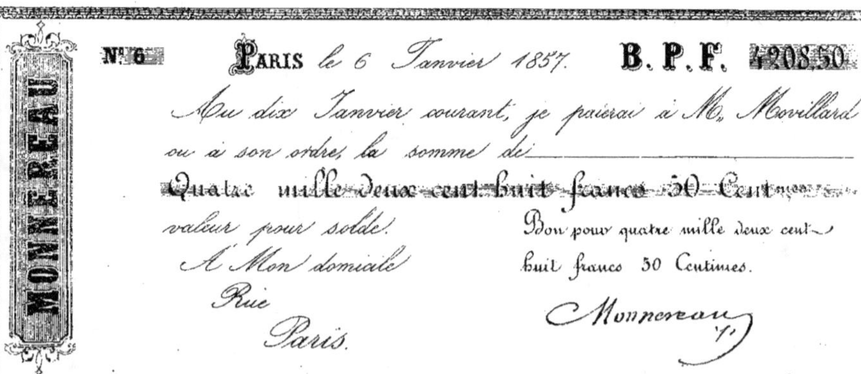

Quant aux traites ou mandats tirés sur une maison, ils doivent être enregistrés à vue des lettres par lesquelles on donne ordre ou invitation de les fournir, ou à vue de celles que l'on reçoit avec avis de dispositions en traites ou mandats à payer confor-

DES EFFETS À PAYER.

Montant des effets ou Sommes à payer		Dates des Rentrées ou paiem.ts		Signataires des Acquits.	Observations.
500	„	1857 Janvier 15	payé à	Berthoud & Cie	
2,600	„	„ „ 20	„	Vve Lyon Allemand	
400	„	„ „ 31	„	Marion & Cie	
2,800	„				
700	„				
4,208	50	1857 Janvier 10	„	la Banque de France	
4,398	„	„ „ 15	„	et	
2,000	„	„ „ 25	„	Lehideux	
5,000	„				

mément aux indications des correspondants qui les annoncent. C'est ainsi que l'effet à payer qui est enregistré ci-dessous sous le N°.8 a été copié d'après la lettre N°.12, écrite le 11 Janvier à Bonnard de Sédan, et que celui N°.3, l'a été à vue de la lettre suivante:

Bordeaux, le 26 Décembre 1856.

Monsieur Monnereau, à Paris,

J'ai l'honneur de vous confirmer ma lettre du 31 Octobre dernier et de vous donner avis que pour me couvrir du montant de la facture qu'elle vous portait, je fournis sur vous un mandat à mon ordre de F.cs 400, „ payable au 31 Janvier prochain, duquel veuillez prendre bonne note pour le solder par mon débit à la susdite échéance:

Ne doutant nullement que tout honneur sera fait à ma signature je reste dévoué à vos nouveaux ordres et je vous présente mes civilités sincères.

Bovin

MODÈLE DE FACTURE.

N.° 1.

PARIS, le 2 Janvier 1857

Monsieur Bernard à Paris Doit

à MONNEREAU,

Pour ce qui suit, payable à Paris à   mois de terme ou au comptant avec   % escompte en valeurs

	Livré ce jour, par mon garçon de magasin:					
20	mètres drap Elbeuf............	18. „	360	„		
105	„ „ Sedan 1.re qualité............	14,50	1,522	50		
10	„ „ q.lité Sn	18. „	180	„		
			2,062	50		
	Escompte 2 %		41	35	2,021	15
	A votre débit, valeur au comptant............				2,021	15

MODÈLE

du cahier sur lequel on doit prendre note des mandats avisés par correspondance soit à vue des lettres à envoyer ou du copie de lettre, afin d'avoir sous les yeux le détail des dispositions qui doivent être faites à telle et telles échéances. — (Les traites que le commerçant doit noter sur ce présent cahier sont seulement celles qu'il fournit à son ordre, puisque tout mandat annoncé à l'ordre de l'un de ses correspondants doit être créé de suite.

Dates des avis.	Tirés.	Domicile des Tirés.	Sommes.	Echéances.	Date d'Enregistrement au copie des traites & Remises
					fermé
1857 Janv. 2	Juvillier	Besançon	1,535 15	Avril 1	et mis en Porte-feuilles le 31 Janv.r
„ „ 2	Paulus	Nantes	96 „	„ 1	id.
„ „ 12	Ponet	Marseilles	1,459 „	„ 12	id.
„ „ 12	Molard	Orléans	310 „	„ 12	id.

NOTA. Quand ces mandats sont formés, ils doivent être biffés comme ci-dessus, afin que ceux qui restent à faire soient plus visibles. — Une date de leur émission doit toujours être la même que celle de l'avis.

MODÈLE DU COPIE DE FACTURES.
OU LIVRE DES VENTES.

Janvier 1857.

1.

N°s							
		——— 2 ———					
1		Bernard à Paris.					
″		livré ce jour par mon garçon de magasin					
	20	mètres drap Elbeuf	18, ″	360	″		
	105	″ ″ Sedan 1re qualité	14,50	1.522	50		
	10	″ ″ ″ 2de Supre	18, ″	180	″		
				2 062	50		
		Escompte 2 %		41	35		
		A son débit valeur au comptant			Fcs	2,021	15
		——— 2 ———					
2		Joquand à Paris.					
″		livré par mon garçon de magasin					
	2	hect. de vin de Bourgogne	90, ″	180			
	1	″ ″ de Bordeaux	110, ″	110	″		
		A son débit, valeur d'usage			Fcs	290	
		——— 2 ———					
3		Vincent à Rouen.					
″		expédié par chemin de fer petite vitesse,					
	100	Kilmes acier en barres de 14 m/m	1.80	180	″		
		Escompte 1½ %		2	70		
		Valeur au comptant			Fcs	177	30
		——— 2 ———					
4		Juvillier à Besançon.					
″		expédié par Gaudin, 1 ballot J R N° 2, K° 130, renfermant					
	10	mètres drap Elbeuf	18, ″	180			
	30	″ Sedan	14.50	725			
	100	″ Étoffes diverses &ca	6, ″	600			
		Valeur à 90 jours			Fcs	1,505	″
		——— 2 ———					
5		Paulus à Nantes.					
″		par chemin de fer petite vit. 1 Bque PS N° 3, K° 120					
	1	hectolitre vin Bourgogne	90, ″	″	″	90	″
		Valeur à 90 Jours					
		A Reporter				4,083	45

MODELE DU COPIE DE FACTURES

2.

Janvier 1857.

						Report		4,083	45
			— 12 —						
			Comard à Paris						
			livré par mon garçon de magasin						
1100	mèt.	Etoffes diverses		6, „	6 600	„			
100		drap Sédan 1re qualité		14,50	1,450	„		8,050	„
			— 12 —						
			Ponet à Marseille						
		par chemin de fer, petite vitesse, 2 ballots							
		PT N° 4, K° 215)							
		„ N° 5, „ 175) 390 ensemble, renfermant :							
500	m.	Etoffes diverses		6, „	3,000	„			
100	„	drap Sédan 1re q.té		14,50	1,450	„			
		Valeur à 90 jours				Fce „		4,450	„
			— 12 —						
			Molard à Orléans.						
		par ch: f: petite vit: 2 bar: MD N° 6 K° 125) 375 ens:							
		„ N° 7 „ 250)							
1		hectolitre vin Bourgogne		90, „	90	„			
2	„	„ Bordeaux		110, „	220	„			
		Valeur à 90 jours				Fce „		310	„
			— 12 —						
			Bonzon à Bruxelles.						
		1 Ballot BN N° 8 K° 275, renfermant :							
50	m.	drap Elbeuf		18, „	900	„			
100	„	„ Sédan 1re q.té		14,50	1,450	„			
10	„	„ „ q.té 2de		18, „	180	„			
610, 25	%m.	Etoffes diverses		6, „	3 661	50			
		Valeur à 90 jours ou au comptant avec 2 %	E.te „			Fce „		6,191	50
		Total des ventes inscrites ci-dessus en Janvier 1857						23,084	95
		Montant de celles au comptant passées par Caisse au crédit du C.te de March.ses						848	„
		Ventes générales de Janvier 1857				Fcs „		23,932	95

NOTA. Ce registre sera répertorié de la même manière que le copie de lettres.

MODÈLE DU COPIE DE FACTURES.

Décembre 1857.

Pour connaître le montant total des ventes faites pendant une campagne ou une année, on fera, à la fin de Décembre pour ce présent registre, une récapitulation comme la suivante:

Récapitulation.

Ventes générales de Janvier 1857	23,932 95
Février	
Mars	
Avril	
Mai	
Juin	
Juillet	
Août	
Septembre	
Octobre	
Novembre	
Décembre	
Montant total des ventes faites du 1er Janvier au 31 Décembre 1857. Fr	

Observations.

Nous avons dit dans notre texte que, pour simplifier les écritures d'une maison qui ferait chaque jour un grand nombre de factures, ce présent registre pourra être considéré comme un Journal de Ventes adjoint au Journal principal et que, dans ce cas, les factures seront, à vue du dit Journal de Ventes, reportées jour par jour, directement au Grand-Livre, au débit respectif de chaque client à qui une facture aura été faite; mais que le compte de marchandises serait seulement crédité à la fin du mois du montant obtenu en additionnant toutes les factures inscrites pendant le mois.

Ainsi, le compte de Bernard, à Paris, serait à la date du 2 Janvier débité de Fr 2,024,15 celui de Joquand, de Fr 290, „ &c. &c. tandis que le 31 Janvier le compte de marchandises serait par contre crédité de Fr 23,084,95 pour le montant total des ventes inscrites en Janvier sur le Livre des factures.

MODÈLE DE LETTRE DE VOITURE.

			Voiture Fᶜⁱ	6	50
MONNEREAU			Remb.ᵗ	„	40
			Total Fᶜˢ	6	90

PARIS, le 2 Janvier 1857.

Toute rature ou surcharge sans appro-
bation est nulle.

Marques	Nᵒˢ	Kilog.	Colis.
J.R.	2	130	1
TOTAL	„	130	1

Sous la conduite de Mʳ Gaudin, voiturier par terre, vous recevrez les marchandises détaillées ci-après. Ballot renfermant draps & étoffes diverses

Pesant ensemble cent trente Kilogrammes qu'ayant reçus bien conditionnés et sans avarie dans le délai de dix jours, sous peine de perdre le tiers du prix de sa voiture, vous la lui paierez à raison de cinq fᶜˢ les cent Kilogrammes et vous lui rembourserez en outre quarante centimes pour timbre et impression de la présente.

Monnereau

A Mᵒⁿˢⁱᵉᵘʳ
Juvillier
Négᵗ
à Besançon
(Doubs.)

MODÈLE

de note pour être remise aux camionneurs des Cᵍⁱᵉ de Roulage ou des Chemins de fer, lorsqu'ils enlèvent des colis dont l'expédition aura lieu conformément à des lettres de voiture à établir par le Cᵍⁱᵉ de Roulage ou la Cᵍⁱᵉ de Chemins de fer à qui on a donné l'ordre d'enlèvement.

Note d'Expédition de **MONNEREAU à PARIS**, Rue

pour *La Compagnie des Chemins de fer de l'Ouest*

Marques	Nᵒˢ	Poids.	Nombre et enr. des Colis	Contenu des Colis	Destination et voie d'Expédition.
adresse V	1	100	1 Botte	Acier en barres	à Mʳ Vincent, Négᵗ à Rouen par petite Vitesse.
					Paris le 2 Janvier 1857. pᵉ Monnereau.
					Binet

MODÈLE DU LIVRE DES ENVOIS
ou EXPÉDITIONS.

Janvier 1857. 1.

Marques	Nᵒˢ	Poids.	Nombre et genre des colis.	Contenu des colis.	Destination et voie d'Expédition.
adresse V.	1	100	1 botte	acier en barres.	2 — p.ʳ M.ʳ Vincent, à Rouen, par chemin de fer de l'Ouest. (petite vitesse)
J.R	2	130	1 ballot	draps & étoffes div.	2 — p.ʳ M.ʳ Tuvillier, à Besançon, par le voiturier Gaudin, en 10 jours à fr. 5,„ des 100 K.ᵐᵉˢ
P S	3	120	1 B.ᵠᵘᵉ	vin Bourg	2 — p.ʳ M.ʳ Paulus, à Nantes, par chemin de fer d'Orléans. (petite vitesse.)
P T	4	215	1 ballot	étoffes div.	12 — p.ʳ M.ʳ Ponet, Nég.ᵗ à Marseille, par chemin de fer de Lyon. (petite vitesse.)
..	5	175	1 id.	drap	
MD	6	125	1 fut	vin Bourg	12 — p.ʳ M.ʳ Molard, à Orléans, par chemin de fer petite vitesse.
„	7	250	1 B.ᵠᵘᵉ	vin Bord	
B N	8	275	1 ballot	drap & étoffes div.	12 — p.ʳ M.ʳ Bonzon, à Bruxelles, (Belgique) par chemin de fer du Nord. (petite vitesse.) Déclaré fr.„„ (chiffre porté sur la déclaration)
		1,390	8 colis	„	Ensemble expédié à l'extérieur en Janvier 1857.

MODÈLE

d'adresse pour être mise sur un colis qui ne peut être marqué ou pour être placée sur ceux qui doivent être expédiés par diligence ou grande vitesse.

Envoi de **MONNEREAU** à **PARIS**, Rue

Contenu: Acier en barres

Monsieur Vincent Nég.ᵗ
Rue des Carmes.
à Rouen (Seine inférieure.)

Expédié par chemin de fer petite vitesse.

MODÈLE DU COPIE DES EXTRAITS DE

Doi^t. M. M. Mornand & Cie à Paris, leur Compte Cour^t

Dates		Désignation des valeurs.	Capitaux		Echéances		Jours	Nombres
1857.					Epoque.			
Janvier	1	Solde me revenant ce jour	35,420	„	1	Janvier	„	„
„	11	Ma remise sur Lyon au pair	3,400	„	20	id.	20	680
„	„	id. Marseille à ⅒ % de ch.	3.200	„	20	id.	20	640
„	„	id. Orléans au pair	730	„	20	id.	20	146
„	„	id. Amiens à ¼ % de ch.	860	„	25	id.	25	215
„	„	id. Strasbourg à ⅓ % „	3.830	„	15	Février	46	1,762
„	31	Nombres rouges du crédit						68
„	„	Intérêts sur la balance des nombres (à						
„		diviser par 72.)	111	90	„	id.	„	8,057
„	„		47 551	90	„		„	11,568
1857 Février	1	Solde débiteur à nouveau	18,400	10		Epoque.		

Paris, le 31 Janvier 1857.

Monnereau

Doit Mr Bonnard à Sedan, son Compte Courant

Dates		Désignation des valeurs.	Capitaux		Echéances		Jours	Nombres
1857.								
Janvier	11	Ma remise sur Paris	5,000	„	20	Janvier	20	1,000
„	„	„	4,520	„	31	id.	31	1.401
„	„	son mandat sur moi	2,000	„	25	id.	25	500
„	15	ma remise sur Sedan	420	„	25	id.	25	105
„	15	mon billet à son ordre	5,000	„	10	Février	41	5,050
„	31	Balance des Capitaux F. 19,380, „	„	„	31	Janvier	31	6,008
„	„	Solde créditeur pour balance	19 489	93	„			„
„	„		36,429	93	„	„	„	11,064

et d'intérêts à 5 % chez Monnereau à Paris. **Avoir.**

Dates		Désignation des valeurs.	Capitaux.		Echéances		Jours	Nombres
1857								
Janvier	8	Retour de ma remise sur Lille	3,410	50	30	9bre 56.	2	rouges 68
"	11	Mon mandat sur eux, ordre Dolfuss	5,000	"	20	1854 Janvier	20	1,000
"	"	id. » Bonnard	5,000	"	20	"	20	1,000
"	"	id. » » id.	4,520	"	31	"	31	1,401
"	15	id. » ordre les Aciéries de Rives	4,800	"	25	"	25	1,200
"	15	id. » ordre Marchand	6,300	"	20	"	20	1,260
"	31	Balance des capitaux Fcs 18,409,50	"		31	"	31	5,707
"	"	Pertes de places sur mes remises qui ne				"	"	
"	"	sont pas au pair, soit au change de ⅒ ⅛ ⅕ %	11	95	"	"	"	"
"	"	Comm.on	51	30	"	"	"	"
"	"	Courtage	58	05	"	"	"	"
"	"	Solde débiteur pour balance	18,400	10	"	"	"	"
"	"		47,551	90	"	"	"	11,568

Bordereau pour le change.

Fcs 3,200, » sur Marseille à ⅒ %	Fcs 3,20	
» 860, » Amiens » ⅛ »	» 1.10	} 11,95
» 3830, » Strasbourg » ⅕ »	» 7,65	

et d'intérêts à 4 % chez Monnereau à Paris. **Avoir.**

Dates		Désignation des valeurs.	Capitaux.		Echéances	Epoque.	Jours	Nombres
1857, Janv.	1	solde lui revenant, valeur ce jour	34,520	"	1	Janvier	"	"
"	" 12	sa facture, valeur 6 Mars	1,800	"	6	Mars	65	1,170
"	" 31	Intérêts sur la balance des nombres (par 90)	109	93	"	"	"	9,894
"	"		36,429	93	"	"	"	11,064
1857. Février	1	Solde créditeur à nouveau,	19 489	93	"	Epoque.		

S. E. ou O. Monnereau

MÉTHODE GÉNÉRALE
DE
COMPTABILITÉ ET DE CORRESPONDANCE
COMMERCIALES
OU LA
TENUE DES LIVRES EN PARTIES DOUBLES
RAISONNÉE MATHÉMATIQUEMENT
PAR
H. COULON
ANCIEN CHEF DE COMPTABILITÉ DANS UNE MAISON DE COMMERCE DE PREMIER ORDRE EN FRANCE.

MÉCANISME DU SYSTÈME.

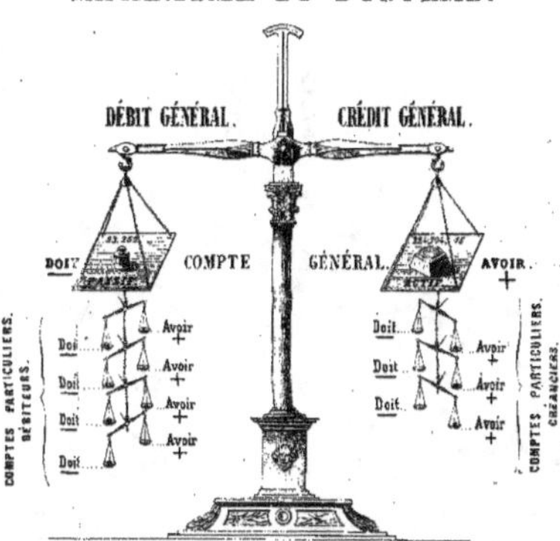

AVIS.

Au moyen de cette Méthode, qui est basée sur les principes algébriques relatifs aux équations ou égalités entre des quantités différemment exprimées,—en quelques jours, et même EN UN SEUL JOUR D'ÉTUDE ET D'APPLICATION,—on peut soi-même apprendre à connaître la manière la plus simple, la plus facile, la plus commode et la moins laborieuse pour les Livres en parties doubles,—celle d'établir et calculer les comptes courants et d'intérêts, ainsi que celle de traiter et soigner une correspondance.

EXPLICATION DU SYSTÈME.

GRANDE BALANCE.—Unique compte général représentant une maison de commerce.

PETITES BALANCES.—Comptes particuliers affectés aux finances, au matériel, à l'administration, aux débiteurs et aux créanciers de la dite maison.

VÉRIFICATION.

Par ce mécanisme, on a une preuve évidente qu'il n'y a aucune erreur dans les comptes si la grande balance se maintient en équilibre après avoir ajouté à son plateau DOIT—les petites balances débitrices, et à son plateau AVOIR, les créancières, ce qui,—en désignant par PD et PA les deux gros plateaux, et par pd et pa les petits plateaux,—indique suivant la figure ci-dessus, que le résultat de la vérification doit produire une égalité entre le Débit et le Crédit de tous les Comptes réunis,— qui peut être représentée par la formule algébrique suivante:

$$-PD - 4\,pd + 4\,pa = PA + 3\,pa - 3\,pd.$$

L'OUVRAGE SE TROUVE CHEZ L'AUTEUR, 22, RUE VENDÔME A PARIS, ET CHEZ LES PRINCIPAUX LIBRAIRES & PAPETIERS DE L'EMPIRE.

PRIX DE L'EXEMPLAIRE F

S'adresser   pour prendre connaissance du dit ouvrage.

DÉPOSÉ.

Imp.' de M.' SMITH, r. Fontaine-au-Roi, 18, Paris.

Doit.
Avoir.
JOURNAL